未来已至

5G时代大变革

赵帅 编著

化学工业出版社

·北京·

内容简介

5G被誉为"数字经济新引擎"，是"新基建"涉及的人工智能、物联网、大数云计算以及区块链、视频社交等产业的基础，也将为"中国制造2025"和"工业4提供关键支撑。

本书首先介绍了5G通信的核心技术和优势，然后从5G时代的工业互联网、智教育、城市交通、金融变革、智慧医疗、农业革命、智慧城市等几个方面介绍了5G来的融合和变革，最后阐述了5G面临的风险与机遇，展望了5G新时代。

对于各行各业中想要了解5G技术的人们，本书将为之带来一些参考。

图书在版编目（CIP）数据

未来已至：5G时代大变革／赵帅编著．—北京：化学
工业出版社，2022.2
  ISBN 978-7-122-40362-9

  Ⅰ．①未…　Ⅱ．①赵…　Ⅲ．①第五代移动通信系
统-研究　Ⅳ．①TN929.538

中国版本图书馆CIP数据核字（2021）第240638号

责任编辑：耍利娜　　　　　　　　　文字编辑：林　丹　吴开亮
责任校对：宋　玮　　　　　　　　　装帧设计：王晓宇

出版发行：化学工业出版社（北京市东城区青年湖南街13号　邮政编码100011）
印　　装：三河市延风印装有限公司
880mm×1230mm　1/32　印张8¼　字数159千字　2022年6月北京第1版第1次印刷

购书咨询：010-64518888　　　　　　售后服务：010-64518899
网　　址：http://www.cip.com.cn
凡购买本书，如有缺损质量问题，本社销售中心负责调换。

定　　价：59.00元　　　　　　　　　　　　　　版权所有　违者必究

分水岭：未来已来！

2017 年 5 月，腾讯公司推出《分水岭》专著，这本书的内容非常有意思，核心意思就是互联网要变跑道了。

大家应该也知道，2017 年美团王兴提出的互联网上下半场问题，这个问题引起了业界大讨论，这是一个非常有意义的讨论。

站在今天的角度看，我们的确已经进入互联网的下半场，而 2017 年的确是我们所处产业环境的分水岭。那么发生了什么变化呢？我将其总结为 5 点：

1. 从 2C 到 2B 的颠覆变化；
2. 从消费侧到生产侧的颠覆变化；
3. 从消费互联网到产业互联网的颠覆变化；
4. 从应用到基础设施的颠覆变化；

5．从流量为王到技术为王的颠覆变化。

因此，我们已经从移动互联网阶段切换到数字经济阶段，这是非常重要的变化，如果不能及时适应它的变化，你所在的公司甚至你自己都可能会被迅速边缘化，这就是模式颠覆的力量。

过去十年，即 2008 年—2018 年，我们一般称为移动互联网阶段，这个阶段基本上是流量为王。因此，我们看到了腾讯、字节跳动等巨头迅速崛起，基本霸占了各个行业垂直跑道的头部。

流量分为公域流量、私域流量以及口碑流量。平台的公域流量目前依然处于主流位置，但是基于平台的 UP 主、KOL（关键意见领袖）等可以带来大量的私域流量，他们正成为流量的主要动力，但是最能够爆发的是大家可能看不起的口碑流量，这才是用户留存、活跃、变现的核心力量。

过去十年，我们见证了很多伟大公司的崛起。但是产业跑道和模式却在 2017 年—2019 年发生了颠覆性的变化，进入另外一个跑道：

上半场，消费互联网，赚快钱、好赚钱时代，跑道较好跑；

下半场，产业互联网，赚慢钱、赚苦钱时代，跑道很难跑！

上半场已经进入存量时代，不好做了。虽然下半场比较艰苦，但却是新的跑道，刚刚开始，有非常广阔的未来。那么应该如何选择呢？这对于产业内的公司而言是至关重要的问题。

选择上半场还是下半场，这是战略性的问题；但是产业互联网的核心是什么，这是公司运营策略问题。移动互联网时代，流量为王；而数字经济阶段，则是技术为王；未来谁拥有了技术，谁就是核心王者。

因此，站在这个时间点，我们必须重点思考两个问题：

1. 留在消费互联网，还是进入产业互联网？

2. 进入产业互联网，核心是什么？

目前来看，数字经济时代（阶段）的核心技术主要包括5G、IoT（物联网）、AI（人工智能）、大数据、云计算、区块链、量子通信等。其中，5G 最为关键，其不仅仅是智能世界的核心连接技术，更重要的是未来智能社会的中枢神经网络，所有的信息传输都需要经过 5G 网络。

对于移动通信系统，我们一般将其归纳为 1+2、3+4、5+6 阶段，各阶段所解决的核心问题是不同的：

1G+2G：解决语音问题；

3G+4G：解决移动互联网问题；

5G+6G：解决数字化转型问题。

因此，我们说 5G 是对 4G 的颠覆，主要表现在两个层面：

1. 2B 对 2C 的颠覆；

2. 数字化转型对移动互联网的颠覆。

相较于之前的通信系统，5G 的核心动力是针对企业端、生产侧的数字化转型而生，具有非常广阔的市场空间和发展前景。

未来已至，5G 赋予了人们对于未来产业变化的更多想象，在 5G 时代，我们将切实地感受到企业端、生产侧发生的巨大变革，甚至是颠覆。5G+AI+IoT 技术将彻底推进社会变革，5G 将真正地改变社会！本书从多方位、多角度阐述了 5G 在产业发展中的应用，相信对于读者了解 5G 通信技术及相关产业，会有一定的帮助。

小禾智库首席专家、清华大学博士　付长冬

　　2019 年，工信部正式向中国电信、中国移动、中国联通、中国广电发放 5G 商用牌照，中国正式进入 5G 商用元年，5G 也开始成为大众日常热议的话题之一。那么，5G 是如何发展而来的？在各行各业中可以发挥什么样的作用？这些问题本书将一一解答。

　　对于 5G，普通消费者更加直观的感受是网络传输的速率，"移动网络的传输速率变快了""在线视频和移动游戏没有延迟了"，这些改观只不过是 5G 种种特性中的一小部分，5G 所带来的变化绝不仅限于智能终端上，而是相关生态圈发生的彻底变革。5G 不仅仅使日常生活的场景发生巨变，也会加速各种新技术在产业中的渗透，进而为智慧社会的发展带来新格局。从目前 5G 在交通、医疗、教育等产业中的作用，已经可以看出万物互联的魅力所在，通信的无处不在、数据的无处不在、连接的无处不在，都在为智慧社会的建设打下坚实基础。

通信技术与产业的深度融合让 5G 在 4G 的基础上，更加深刻地影响着所有产业的发展，更加全面地促进各产业的变革，提高各产业的运行效率和质量。我们有理由相信，5G 的到来将极大改变每个人的生活方式以及社会的生产方式。

在本书第 1 章中，我们回顾了移动通信的历史，并对比了目前各国在 5G 通信技术发展进程上的不同；第 2 章，对 5G 的核心技术和性能指标做了通俗易懂的说明，阐述了各项核心技术使用的场景；第 3 ～ 9 章，通过介绍 5G 与工业、教育、交通、金融、医疗、农业等行业的结合，解读了 5G 发展与产业改革相互促进的过程，一方面 5G 让各个行业呈现出截然不同的发展特点，另一方面产业的飞速发展也反向促进了 5G 的进一步完善；第 10 章和第 11 章，重点说明了 5G 带来的风险和机遇，大众应当如何应对 5G 时代的种种风险，又该如何理性看待 5G 通信技术发展带来的种种变化。

本书不仅介绍了 5G 通信技术的发展，对各行业正在发生的重大变革均有解读，希望本书可以帮助大家理解 5G 通信技术及产业融合的相关知识。

本书由赵帅编著，黄磊做了大量资料整理工作。由于时间和水平有限，书中难免会存在不足之处，希望广大读者批评指正。

编著者

第 1 章
5G 时代未来可期

第 2 章
5G 技术赋能未来生活

第 3 章
5G 时代的工业互联网——新一轮工业革命即将来临

第 4 章
5G 时代的智慧教育——物智能，人智慧

第 5 章
5G 时代的城市交通——从工具到服务的转变

第 9 章
5G 时代的智慧城市——科幻电影成为日常生活

第 10 章
5G 时代：机遇与风险并存

第 11 章
5G 开启时代新篇章

第 **1** 章

5G时代未来可期

1.1
5G：注定成为话题之王

2018 年《政府工作报告》指出，加快制造强国建设。推动集成电路、第五代移动通信、飞机发动机、新能源汽车、新材料等产业发展，实施重大短板装备专项工程，发展工业互联网平台，创建"中国制造2025"示范区。《报告》把"第五代移动通信"发展放在实体经济发展的次位。

2019 年 6 月，工信部向中国电信、中国移动、中国联通、中国广电 4 家企业发放了 5G 商用牌照；10月，三大运营商共同宣布 5G 商用服务启动，标志着5G 初期商用化得以实现。

2020 年 3 月，《工业和信息化部关于推动 5G 加快发展的通知》要求加快 5G 网络建设进度、支持加大基站站址资源、加强电力和频率保障、推进网络共享和异网漫游。

2021 年 2 月，工信部下发《工业和信息化部关于提升 5G 服务质量的通知》，指出"做好 5G 服务工作是践行以人民为中心的发展思想，着力解决好人民群众最关心最直接最现实利益问题的重要举措"。

从政府工作报告首次提到"5G"，再到 2019 年 5G 应用从移动互联网走向工业互联网，中国进入 5G 商用元年，国家对 5G 的重视程度不断提升，充分体现了 5G 通信网络对于拉动新基建和经济增长的重要性和紧迫性。

对于普通用户来说，从 3G 到 4G 的技术飞跃已经充分展示了移动通信带来的巨大便利，4G 移动通信几乎颠覆了所有人日常的学习生活：

早上去公司上班——打开支付宝或者交通 App 刷二维码乘坐地铁或公交车，出了地铁或下了公交车离公司还有一段距离，打开共享单车 App 扫码骑车；

到了公司召开会议——打开在线协同工具，以在线会议的方式，与天南海北的人们一起开会讨论，共享资料文件；

中午到了吃饭时间——打开外卖点餐软件，在线选择菜品，实时查看送餐员位置，足不出户享受美食；

下午抽空去锻炼一下——运动类 App 可以实时记录距离、时间、热量和轨迹等信息，成就感满满；

晚上在回家路上放松一下——即使在高速行驶的地铁上，视频软件也可以提供高清视频。

只需要一部可以联网的手机就可以搞定日常生活和工作。往前看十年，这几乎是无法想象的，彼时小荷才露尖尖角的 3G 网络虽然理论下行速率最高可以达到 7.2Mbps，但相信经历过那个时代的人，都曾经为 3G 网络的速率抓狂。

3G网络速率对比

电信运营商	上行 /MHz	下行 /MHz	上行速率 /bps	下行速率 /bps	调制方式
CDMA2000（中国电信）	825 ～ 835	870 ～ 880	1.8M	3.1M	FDD
TD-SCDMA（中国移动）	1880 ～ 1920	2010 ～ 2025	384K	2.8M	TDD
WCDMA（中国联通）	1920 ～ 1980	2110 ～ 2170	5.76M	7.2M	FDD

4G 通信网络环境的大幅改善使移动通信、移动支付、移动出行等移动互联网 App 出现爆发式增长，人们衣、食、住、行等各个方面也随之改变。旧的生活方式因 4G 网络而变得更加便捷，也催生了更多"互联网＋生活"的社会经济模式。

据《爱立信移动市场报告》数据显示，截至 2020 年第三季度，LTE 用户增加了大约 7000 万，达到了 45 亿，占到移动签约用户总数的 57%。

而在 5G 正式商用之后，截至 2021 年 5 月，我国 5G 手机终端用户连接数达 2.8 亿，占全球比例超过 80%。

爱立信执行副总裁兼网络业务负责人表示，全球向实现全面数字化的目标迈进了一大步。新冠疫情凸显了互联互通对人们生活的影响，并成为加速变革的催化剂，最新版《爱立信移动市场报告》也明确指出了这一点。5G 正在迈入新的发展阶段，新终端和应用正在充分运用 5G 带来的优势，而运营商也在持续推进 5G 部署。移动网络是日常生活许多方面的重要基础设施，而 5G 将成为未来实现经济繁荣的关键。

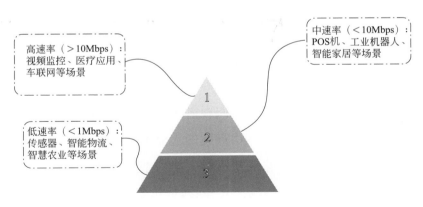

2020 年全球物联网连接分布

伴随着 5G 通信网络的迅猛发展，物联网设备连接数量也经历了爆发式增长。根据 IHS 数据预测，2025 年，全球 IoT 设备数量将超过 754.4 亿。同时，智研咨询数据显示，预计 2022 年，我国物联网连接规模将达到 70 亿。按照这个趋势，物联网连接数量很快就会超出目前 LTE 系统的负载能力。

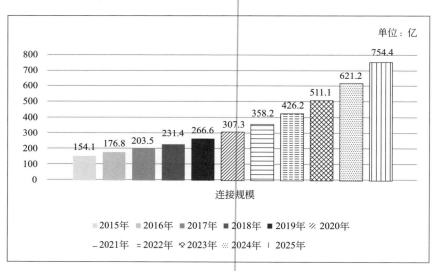

IHS 全球物联网设备数量及预测

同时，伴随着人们在各方面对于网络时延和速率的更高要求，4G 标准可以达到的 10ms 时延已经无法满足人们在特殊场景下的需求。比如远程医疗等对时延要求较高的场景，4G 网络远远不能达到医护人员在进行紧急救护和手术时的要求。

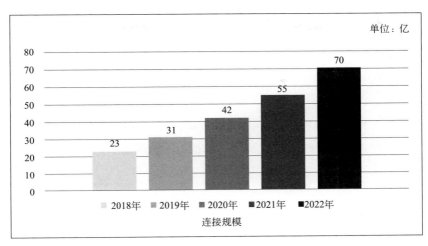

单位：亿

中国物联网行业连接规模及预测

　　2018 年第五届世界互联网大会上，中国移动和浙二医院合作推出"5G 远程医疗急救"的项目，通过在乌镇搭建的 13 个基站，在 5G 网络的帮助下，可以实现 0.001ms 的低时延，也就是说，与现场诊断几乎没有时延。

　　在"可视化指挥平台"上，除了显示 B 超情况外，还显示车内医护人员操作情况、车前方情况、头戴摄像头所看图像等多个场景图像，同时显示救护车的位置，病人的血压、心率、血氧、体温等基础数据。这么多情况同时低时延显示，4G的网速是无法做到的。

在此背景下，5G愈加成为人们需求中的重中之重。实际上，早在2015年，国际电联无线电通信部门(ITU-R)就正式确定了5G的法定名称是"IMT-2020"，并在之后定义了5G时代的三大应用场景。

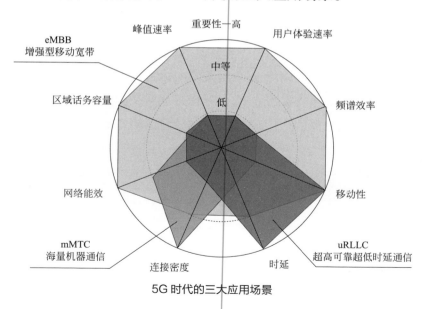

5G 时代的三大应用场景

eMBB：Enhanced Mobile Broadband，增强型移动宽带，顾名思义针对的是大流量移动宽带业务。

uRLLC：Ultra-reliable and Low Latency Communications，超高可靠超低时延通信，可以有效支撑无人驾驶、远程医疗等业务。

mMTC：Massive Machine Type Communication，海量机器通信（大连接物联网），主要针对大规模物联网业务。

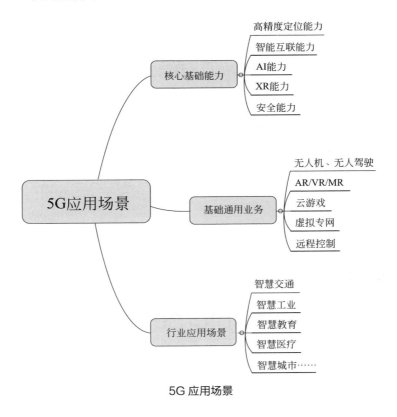

5G 应用场景

三大应用场景为 ICT 提供了更多发展的空间，也带来了网络铺设、海量数据处理及 5G 应用三个维度的新课题，运营商和 ICT 设备商都需要深入思考如何提供 5G 时代更加灵活开放的解决方案，以解决不同场景对于网络的需求。

根据中国信息通信研究院《中国 5G 发展和经济社会影响白皮书（2020 年）》预计，2021 年至 2022 年，基于超高清视频的直播与监控、智能识别等应用将率先落地，包括 4K/8K 超高清直播、高清视频安防监控、5G 远程实时会诊等；行业的通用应用也会陆续进入局部复制阶段，包括智慧矿山、智慧港口等。

在多方的大力支持下，2021 年成为我国 5G 规模建设大年，而"5G"这个字眼越来越多地出现在人们日常讨论的话题中，并逐步发挥其规模效应和带动作用，伴随着应用端的不断成熟，迎来新一轮的爆发。

1.2
从Internet到Internet of everything

通信的本质是信息传输，是指人与人之间通过某种行为或媒介进行的信息交流与传递，按传输媒介可以分为有线通信和无线通信，其中有线通信指传输媒介为导线、电缆、光缆、波导、纳米材料等的通信，比如电缆通信、光缆通信等；无线通信指传输媒介不可见的通信，比如微波通信、短波通信、移动通信、卫星通信等。

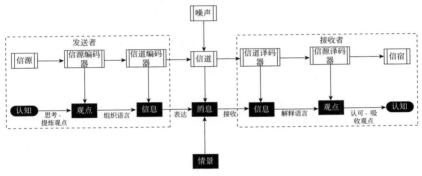

信息传输过程

在 5G 网络出现之前，移动通信网络的发展经历了 1G、2G、3G、4G 四个时代。

1G 是离我们最远的一代移动通信技术，即模拟移动通信技术，它的代表形态就是大哥大。我国的第一代模拟移动通信系统于 1987 年 11 月 18 日在广东第六届全运会上开通并正式商用，2001 年 12 月底，中国移动关闭模拟移动通信网，1G 系统在中国的应用长达 14 年，用户数最高达到了 660 万。

大哥大

　　2G 时代，最大的变化是采用了数字调制，比 1G 多了数据传输的服务，这时，手机终端不仅是接打电话的工具，还可以承载短信和彩信等数据传输业务，让用户体验到了彩信、手机报、壁纸和铃声的下载服务。

　　3G 是人们更加熟悉的通信技术，由于网速和用户容量的大大提升，加上支持触屏操作和应用软件的智能手机，移动互联网在 3G 时代迎来了快速的发展。

　　而 4G 时代则让用户体验得到了质的飞跃。4G 网络的理论下载速率可达到上百兆位每秒，流量资费也大幅度下降，各类移动应用得到了长足的发展，在一定程度上甚至超过了 PC 端的发展速度。

从 1G 到 4G 的发展过程中，我们经历了 Internet 的两次大革命。第一次革命是通过 Modem（调制解调器）、路由器、电话线等基础设施将计算机与计算机连接在一起，一台计算机在发送数据时，先由 Modem 把数字信号转换为相应的模拟信号，经过调制的信号通过电话载波传送到另一台计算机之前，由接收方的 Modem 负责把模拟信号还原为计算机能识别的数字信号，通过这样的"调制"（数 / 模转换）与"解调"（模 / 数转换）过程，实现了两台计算机之间的远程通信。经历过这个阶段的人们都知道，通过拨号上网的速率缓慢且不稳定，这个阶段的产品形态更多是门户网站这种一对多的中央广播模式，所传播的也是人与人之间可以理解的信息。

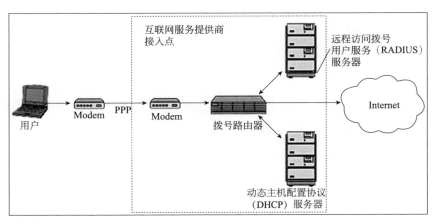

Modem 上网流程

第二次革命则是 3G 时代开始的移动互联网革命，通过 3G/4G/Wi-Fi 连接网络，用户可以使用各类移动 App 获取互联网公司提供的知识和服务。这个阶段产生了微博、微信、知乎等以分享和社区为核心的产品形态。与第一次革命不同，这类产品实现了人与人之间一对多的信息传输。不论是朋友圈还是微博，都让人与人之间、人与信息之间的传输更加高效。比如说一条有趣的微博内容的传播，实际上是微博上众多用户互相配合完成的，所有参与转发和评论的用户都通过网络的方式促进了人与人之间的信息传输，进而使内容成为引发众多微博用户关注的热搜，这种信息传输模式在之前是不存在的。

不管是 Internet 的第一次革命还是第二次革命，都有一个共同点：信息的发出者和接收者都是人。不论我们在门户网站上看新闻，还是使用手机打电话，或者通过微信等即时通信工具发消息，传递的都是人类可以理解的信息。

我们可以这么理解，在使用通信网络的时候，我们关心的只是面向人的信息，而不存在人与物之间、物与物之间的信息传递。

在 5G 出现之前，所有通信网络的业务场景都是以人为中心而设计的，几乎不会考虑到物体在业务场景中的作用。但随着带有传感器和控制器的各种设备被通信网络赋予更强大的功能，原来人与人之间的信息传递也进化成了人与物、物与物之间的信息传递，人开始不作为信息传递的唯一发出者和接收者，物开始作为信息传递的发出者和接收者，并与其他的人和物产生联动。

比如传统的摄像头只能被动存储监控画面，而智能摄像头已经可以主动捕捉异常画面并自动发送警报。只要设置了规定的参数，通过云应用和通信网络，智能摄像头可以进行主动的数据分析和上传，当拍摄画面出现异常动态或声响时，摄像头除了可自动捕捉异常、启动云录像并自动上传，还可通过短信或手机 App 向用户发送警报信息，从而实现无人看护的情况下，也可以达到全天候智能监控。

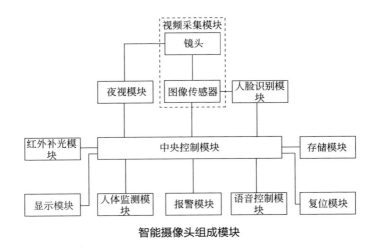

智能摄像头组成模块

在这个过程中，摄像头承载了主动产生信息、分析信息和传递信息的功能，用户反而可以不在整个信息传递的链条中，之前以人为主的 Internet 也就变成了 Internet of everything。

理论上讲，2G 到 4G 都可以实现物联网，但是物联网作为一种给万物互联提供网络连接的技术，对于低功耗、广覆盖、大连接的特性有着更严苛的需求。在制定 4G 标准时，所有的组织机构没有计划让如此多的终端设备同时上网，自然也没有考虑到让 4G 网络支持万物互联的特性。而在 5G 时代的三大应用场景中，mMTC 的广覆盖、大连接和安全性具有适用于物联网的明显优势，在智慧城市、智慧家居、无人驾驶、环境监控等场景下都离不开 mMTC 的作用。

综上所述，在 5G 时代，Internet 将正式进化为 Internet of everything，除了"人"与"人"的互联，还会有"物"与"物"的互联和"人"与"物"的互联，"物"将具有环境感知的能力和自主计算的能力。"人"和"物"同时作为 Internet 的参与者，将为 5G 网络提供数十亿甚至数万亿的连接节点，以 Internet 为基础，5G 真正实现了万物互联，让"人"与"物"之间的融合、协同及可视化成为可能。

1.3
各国积极入局5G，中国风景独好

众所周知，3G 通信网络制式主要是欧美主导，4G 通信网络制式主要由美国主导，因此在 3G/4G 时代，包括中国在内的诸多国家都向欧美国家缴纳了很多专利费。

以美国高通公司为例，对于面向中国销售使用的 3G、4G 设备，高通对 3G 设备（包含多模 3G/4G 设备）收取 5%、对不执行 CDMA 或 WCDMA 网络协议的 4G 设备（包含 3 模 LTE-TDD 设备）收取 3.5% 的专利费。每一种专利费的收费基础是设备销售净价的 65%，那么一部 2000 元的手机，需要缴纳 2000 元 ×65%×5%=65 元的专利费。2020 年 1 月到 10 月，我国手机累计出货量为 2.52 亿部，如果都不执行 CDMA 或 WCDMA 网络协议，按每部手机均价 2000 元计算，在此期间需要向高通缴纳 163.8 亿元的专利费。

所以在 5G 时代，包括中国在内的诸多国家纷纷加快 5G 战略和政策布局。据全球移动供应商协会发布的全球 5G 投资进展显示，当前有 96 个国家包括

293 家运营商正在以测试或部署的形式投资 5G，5G 发展速度确实十分迅猛。

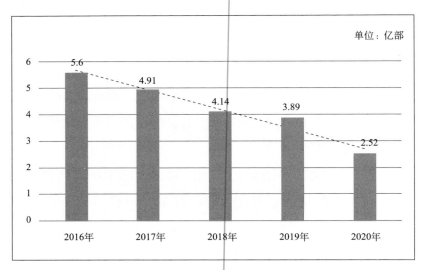

2016 年 ~ 2020 年 10 月中国手机出货量

而在这 96 个国家中，根据发展速度和规模分为不同的梯队。

第一梯队包括中国、韩国、美国和日本四个国家。

第二梯队包括英国、德国和法国三个国家，这三个国家都与华为 5G 设备有着千丝万缕的关系。

其中，英国政府宣布禁止本国电信运营商在 2020 年 12 月 31 日后购买新的华为 5G 设备，并在 2027 年前移除所有华为 5G 设备；德国市场主导运营商德国电信目前拥有爱立信和华为两家无线接入网络供应商，同时还使用华为供应的核心网设备；法国是欧洲传统大国中最晚上马 5G 的，其网络安全机构 ANSSI 表示，将允许 Orange、Bouygues Telecom、SFR 和 Iliad 四大电信运营商在 3 ～ 8 年的许可证有效期内使用包括华为在内的设备。

但实际上，华为在欧洲已经有 20 多年的发展历程，与欧洲运营商之间的合作关系非常紧密，想要在现有网络中剥离华为几乎是一件不可能完成的任务，只会浪费欧洲运营商大量的金钱、时间和精力。如果放弃华为的支持，只会让欧洲原本就不领先的 5G 建设更加落后。

第三梯队包括加拿大、俄罗斯和新加坡三个国家。

在这三个梯队的国家中，我们选择第一梯队的中国、韩国、美国和日本，来分别探究一下它们有哪些值得关注的 5G 应用场景。

（1）韩国

2019 年 4 月 3 日，韩国三家主要电信运营商 SK telecom（SKT）、kt 和 LG U⁺ 同时开通 5G 通信网络，之后韩国以高额补贴方式迅速扩大 5G 用户数量。截至 2020 年 11 月底，韩国的 5G 用户数量达到 1090 万。

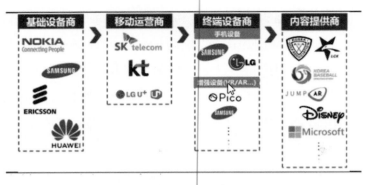

韩国 5G 产业链

现阶段韩国 5G 网络的铺设选用的是 5G NSA 模式。这种模式并非是完整的 5G 网络，一部分的功能要依靠现在的 4G（包括 4G 核心网），通过这种模式普及 5G 网络相对省时省力，而且韩国人口集中在首尔、釜山等城市，韩国运营商只需要在几大城市重点建设基站，就能够覆盖韩国大半人口。

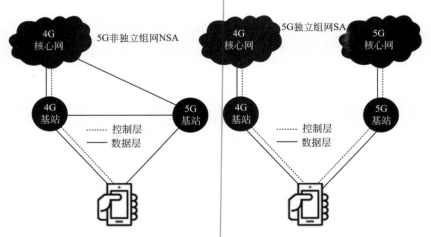

NSA 和 SA 组网模式比较

① 5G 的超高速数据传输特性满足了视频行业画质进一步升级的需求，超高清视频快速发展。

目前 4G 网络能够提供 100Mbps 的峰值速率，但实际使用速率为 8 ～ 60Mbps，已无法完全满足超高清视频带宽、时延等技术要求，而 5G 网络良好的承载属性解决了超高清视频内容在网络端的发展问题。

韩国电信运营商 LG U⁺ 联合 Netflix 推出了超高清电视服务，一年合约价格 35400 韩元，共享受 225 个频道，包括 27 个高级频道、13 个国际频道及具有超高清画质的 Netflix 视频内容。除了推出超高清电视服务，LG U⁺ 也开通了超高清机顶盒租赁的服务。

LG U⁺电视机顶盒租赁价格

机顶盒类型	3 年合约 / 韩元	2 年合约 / 韩元	1 年合约 / 韩元	没有合约 / 韩元
超高清机顶盒	4400	5500	7700	9900
高清机顶盒	3300	4400	6600	8800

② 借助 VR 直播、社交等泛娱乐方式，VR/AR 应用成为影响流量以及竞争力的关键因素。

4G 可以承载 2D 视频需要的下载速度（约 5Mbps），而 VR 和 AR 内容需要的下载速度是 2D 视频的 10 倍以上，只能由 5G 网络来支持 VR/AR 的应用。

例如 kt 公司推出了全景照相及摄影应用 Real 360°；电竞直播、职业棒球直播及现场表演直播应用；与各种极限运动选手和赛事合作，让运动员佩戴 360° 摄像设备摄制运动员视角录像；同时与 Nexon Gaming 合作，引入了跑跑卡丁车锦标赛的视频内容，用户可以在手机上观看电子竞技比赛的多视角画面。

LG U⁺ 则提供了一系列 VR 和 AR 的内容，借助"买 5G 流量套餐送 VR 头显"的活动，以免费赠送或打折的方式向用户推广 Pico 和三星的 VR 头显设备，所有支持 5G 网络的手机都可以支持这些 VR 头显，与 5G 流量套餐捆绑。其中包括：

U⁺ 职业棒球：观众可以从多个摄像机角度体验个性化和高度沉浸的职业棒球比赛；

U⁺ 高尔夫：在高尔夫联赛直播中，观众可以从多个角度清楚地看到职业选手的技术动作；

U⁺ 偶像直播：多屏直播观看韩国流行文化偶像演出；

U⁺AR：互动式 AR 内容，用户可以与韩国流行文化明星远程互动跳舞，参与瑜伽课程练习等；

U⁺VR：与明星近距离接触、VR 影院、自然风光纪录片、VR 游戏、VR 漫画等；

U⁺ 游戏直播：用户通过 5G 多视角画面观看游戏直播。

③ 云化为高清影视、VR 游戏等关键应用奠定基础。

在 5G 正式商用后，韩国电信运营商就持续投入移动手机游戏和沉浸式内容的开发，通过 AR/VR 打造差异化的 5G 游戏。

例如 SKT 与微软达成合作，独家运营微软云游戏服务 xCloud，玩家可以通过手机连接到 5G 网络，运行诸多广受好评的 Xbox 游戏，借助超高速、超低时延的 5G 网络支持，为游戏玩家们带来更具沉浸感的游戏体验。

AR 版《愤怒的小鸟》游戏截图

根据韩国三家运营商的发展经验，影视、游戏、教育、泛娱乐等都有望受益于 5G 通信网络，这对我国的电信运营商也是一个有力的启发，借助终端优势以及存量用户，切入内容应用，进而提高用户黏性。

（2）美国

美国是第二个发布 5G 网络的国家，在韩国启动 5G 网络后不久，美国最大电信运营商 Verizon 在芝加哥和明尼阿波利斯发布了 5G 网络。

作为美国最大的电信运营商，Verizon 在 2020 年 12 月 17 日宣布已达成 61 座毫米波城市的目标，已将其低频 5G 网络扩展至 2.3 亿人口，并在 2021 年继续扩大低频 5G 和毫米波网络的覆盖范围。

Verizon 5G网络概况

频段	28GHz 毫米波
载波带宽	400MHz
组网方式	NSA
站点类型	灯杆微站
双工模式	TDD
支持 MIMO	2×2 MIMO（目前尚未采用 Massive MIMO 和波束赋形技术）
基站设备厂商	爱立信
5G 手机	Moto Z3
实测下行速率	400～909.4Mbps，峰值速率不高于 1Gbps
实测上行速率	目前不支持 5G 上行数据，由 4G LTE 承载
实测网络时延	20～30ms，NSA 组网状态下与 4G 相差不大

T-Mobile 与 Sprint 合并后，超越 AT&T 成为美国第二大电信运营商，并推出了更快的中频 5G 网络。中频 5G 网络的速率比低频 5G 网络快得多，覆盖范围

也比高频毫米波好得多。目前，T-Mobile 已经覆盖美国 2.7 亿人口，到 2021 年底，T-Mobile 中频网络将覆盖 2 亿人口。

美国排名第三的 AT&T 在 2021 年的重点主要是改善网络等待时间，包括扩展 SA 5G 网络服务。AT&T 目前可提供覆盖 2.25 亿人口的低频 5G 网络，并在 36 座城市的部分地区提供被称为 5G Plus 的毫米波服务。

虽然电信运营商的竞争格局与中国类似，但美国的电信运营商并不是国企，没有义务与责任建设基础网络。所以对它们来说，决定是否在某一地区建设基础网络的因素主要是投入的资金和成本，对于一些农村、远郊的偏远地区用户，大概率是不会享受到 5G 网络的。

对于 5G 网络来说，频谱是至关重要的，美国的频谱拍卖制度也让运营商更加在乎投入产出比。2021 年 1 月 16 日，美国联邦通信委员会（FCC）表示，在迄今为止规模最大的中频段 5G 频谱拍卖中，第一阶段拍卖已经筹集到 809 亿美元的毛收入，创下历史纪录。而拍卖竞价已超过 449 亿美元的纪录，中标者还必须支付费用来清理现有用户拥有的频谱，需支付 97 亿美元的费用。Verizon 和 AT&T 虽然成为此次频谱拍卖中的主要赢家，但也付出了极大的资金成本，出于营收考虑，它们大概率会放缓 5G 建设的速度或提高 5G 的收费。

在 5G 的应用场景方面，美国的电信运营商也把注意力放在了 AR/VR、无人机等方面。

例如 Verizon 主要押宝了沉浸式体验、无人机和 AR 等场景。2021 年 1 月 12 日的 CES 大展上，Verizon 首席执行官汉斯·维斯特伯格（Hans Vestberg）通过 3D 扫描方式把阿波罗 11 号的舱内模块创建成 3D 模型；与大都会艺术博物馆（The Metropolitan Museum of Art）发布"The Met Unframed"活动，免费展出 10 多间画廊、50 多件艺术作品，其中 4 件作品通过 5G 网络可以得到更佳的 AR 体验。

大都会博物馆 3D 沉浸式体验

早在 2020 年 11 月，Verizon 旗下的动态捕捉技术工作室建造了 Black Pumas 乐团的 3D 模型，并将 Black Pumas 的畅销歌曲 Colors 拍成 AR 版 MV，人们只需要拿着 5G 手机就可以通过 Snapchat 镜头欣赏整首歌曲。

同时，Verizon 与无人机公司 Skyward、物流公司 UPS 合作，在美国佛罗里达州成功飞行了约 3800 趟 5G 无人机用于送货。

相对于 4G 网络，5G 网络能更加满足监管部门对于低空无人机的管理需求，通过合理应用，促进无人机在远程操控、数据传输与安全快递等各个环节的提升，从而释放出无人机和 5G 网络更大的商业价值。

（3）日本

2015 年，日本开始着手研究 5G。

2017 年，日本进行了关于 5G usecase 的尝试。

2019 年 4 月，日本三大传统电信运营商 NTT Docomo、KDDI 和软银（SoftBank）公司及日本电商公司乐天公司 (Rakuten Mobile Inc.) 获得了 5G 频率资源。

2020 年 3 月，NTT Docomo、KDDI 和软银推出了 5G 服务。

2020 年 9 月，乐天公司推出了 5G 服务。

虽然日本总务省将 2023 财年结束时建设完工的 5G 基站数量目标提高了四倍，达到 28 万个，但业内人士表示，由于转换后基站的带宽不会改变，网络速率将保持不变。

因为使用 5G 技术的无线电波可以到达的区域有限，需要建立大量的基站才能实现信号广泛覆盖，所以虽然已经具备了 5G 技术，但由于基站数量不足，可能很多人还享受不到 5G 网络的便捷。

在应用场景方面，日本曾经提出了"Society 5.0"的概念，希望利用 IoT、机器人、人工智能等技术从多个方面提供便捷、智能化和高质量的生活，解决日本社会少子、高龄化、环境和能源等社会问题。

总体来说，5G 在日本的应用情况和上述其他国家的差不多。在远程医疗方面，KDDI 在东京的开发研究基地设有利用 5G 体验模拟远程手术的设备；在 MR（混合现实）方面，KDDI 联合 Nreal 推出了 Nreal Light 眼镜，可以随时与 3D 全息虚拟偶像零距离接触，或是观看最新体育赛事直播等。

Nreal Light 眼镜

（4）中国

截至 2020 年 9 月底，我国已累计建设开通 5G 基站 69 万个，超过全球总数的 75%，提前完成全年 50 万个的目标。2021 年，中国移动、中国联通、中国电信、中国广电四大 5G 运营商持续加大 5G 网络投资力度，并会在 2022 年达到一个高潮。

部分省（区、市）2020年、2021年5G基站建设计划　单位：万个

省（区、市）	2020 年	2021 年
天津	2	4
上海	3	5
重庆	3	10
河北	1.5	7
山西	1.3	3
浙江	5	12
安徽	1.5	4.5
福建	2	5
江西	2	3
山东	4	11.2
河南	1.696	16.8
湖北	2	6
湖南	3	10
广东	6	22
四川	4	12
贵州	1	3.2
云南	1.8	8
广西	2	5

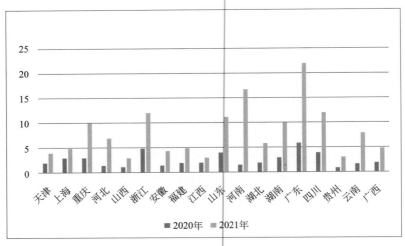

部分省（区、市）2020年、2021年5G基站建设计划（万个）

目前我国的5G网络在工业互联网、智慧医疗、超高清视频、智慧城市、车联网等领域应用占比已经高达70%。2021年，超高清视频直播、VR/AR等C端领域迎来第一轮用户数的爆发，B端和G端融合应用规模平均增长超过200%，以工业互联网、车联网、数字政府等为代表的应用进一步改变了人们的生产生活方式。

以中国移动为例，在5G+人工智能领域布局了科大讯飞，在AI助手、智能语音、O域管理、深度学习、智慧家庭、泛智能终端、智慧客服等方面开展协同研发，深化产品应用。

为提升信息基础设施运行效能，中国移动针对智慧家庭推出了全千兆整体解决方案，围绕着 5G 网络、家庭连接、智能终端、特色应用及高效服务等方面，升级网络、应用、服务，以全千兆——千兆 5G、千兆宽带、千兆 Wi-Fi、千兆应用、千兆服务的全能优势，使 5G 的快速与稳定结合物联网技术，使得智慧家庭得以实现，为用户打造新一代"全场景极速网络体验"。

"千兆 5G"将 5G 流量、通话时长、会员权益、境外通话流量相结合，适时推出融合套餐，全方位满足用户的使用需求。

"千兆带宽"为用户带来了极速的体验，以下载一部容量为 8GB 的电影来计算，百兆宽带下载需要 15 分钟，而千兆宽带下载时间最快可达 1 分 15 秒，真正实现了"秒下载"的传输速率，在快节奏的生活中为用户压缩了时间成本，使之享受更快速的网络智能生活。

"千兆 Wi-Fi"采用智能组网，具备覆盖面广、连接更多的特点，很好地解决了 Wi-Fi 信号覆盖差的痛点，让用户享受全屋无死角的 Wi-Fi 信号覆盖。

"千兆应用"为用户提供了全场景、立体化、高效的上网环境，聚合 4K 高清视频、VR、云游戏、直播互动教育内容，在千兆网络的基础上实现了智能终端间的万物互联；在原有家庭安防"移动看家"的基础上，迭代升级推出"千兆看家"服务，满足了用户居家的各种定制化服务。

在 5G+ 物联网领域，中国移动先后布局小米集团、梆梆科技，在可穿戴设备、智能家居、物联网安全等方面开展广泛合作。

在 5G+ 云计算领域，中国移动在云计算、大数据、物联网、边缘计算、NFV、SDN、SDS 等新技术领域均开展研究。

在 5G+ 大数据领域，中国移动与世纪畅链、仁和人寿、青牛软件等企业共同搭建大数据平台，开展联合营销，并探索行业创新应用。

在 5G+ 生态领域，中国移动与随锐科技、芒果超媒等合作伙伴在大数据风控、通信视频云、内容制作及平台资源等方面开展多层面合作。

2019年，中国移动携手芒果超媒正式发布全国首张一站式体娱生活定制SIM卡——中国移动MG卡。MG卡作为中国移动联合芒果超媒推出的内容＋通信权益SIM卡，融合了中国移动咪咕及芒果TV两大内容资源库中丰富的体育、演艺、影视综艺内容，集咪咕视频、咪咕音乐、芒果TV三大会员身份于一体，真正打通内容＋通信权益。

　　MG卡依托中国移动5G先发优势，实现了手机电视双屏同看；5G超高清视频、5G超高清视频彩铃、5G快游戏等特色内容，为用户带来了"5G业务，4G体验"的优享服务，打造全场景沉浸式体验；一张SIM卡即可享受芒果TV《快乐大本营》《天天向上》《向往的生活》《明星大侦探》等爆款热门综艺IP及大量优质自制影视综艺内容，真正获得一站式视听内容体验。

　　在经历了1G空白、2G落后、3G追随、4G同步的发展历程，中国终于在5G时代走在了前沿，在标准制定、产业链配套等方面拥有了话语权。5G网络低时延、广连接、大带宽的特点，必将促进物联网、车联网、VR/AR/MR 等应用场景的不断成熟，推动社会进步和生活方式的变革。

华为承建全球超半数5G商用网络，为多国首选

自 2020 年 2 月以来，华为已经一年没有更新过 5G 商用合同的订单数量。

当时，华为还是全球 5G 商用合同数量最多的厂商，率先宣布获得了 91 份 5G 商用合同，领先于爱立信的 81 份和诺基亚的 67 份，位列第一。

在这些合同里，来自欧洲市场的合同（47 份订单）占据了一半以上，亚洲紧随其后，这其中最大的原因是华为的 5G 技术已经走在了世界前列。

根据德国专利信息分析机构 IPlytics 的报告，截至 2020 年 10 月，全球总共批准了 17179 项 5G 专利，其中华为以 6372 件 5G 专利排名第一；另外，在 5G 标准必要专利数量上，华为也以 2993 件夺得榜首。

同时，据工信部数据，截至 2020 年 12 月，我国已累计建成 71.8 万个 5G 基站，5G 终端连接数超过 1.8 亿，300 多个城市开通了 5G 服务。在用户数量方面，根据 GSMA 数据，截至 2020 年第三季度末，全球 5G 用户有 1.24 亿（中国 5G 用户 1.04 亿、韩国 5G 用户 871 万、

美国 5G 用户 514 万、欧洲 5G 用户 311 万）。

迅速增加的用户数量背后，是世界为数不多的 5G 设备供应商，中国的华为、中兴，芬兰的诺基亚，瑞典的爱立信，韩国的三星，这几家 5G 设备供应商承载了大部分国家的 5G 商用订单。

截至 2020 年 10 月，全球有 116 张 5G 商用网络，华为承建了 66 张。其中，美洲 2/16（华为 / 网络数）、欧洲 35/51（华为 / 网络数）、亚太 13/28（华为 / 网络数）、中东 12/17（华为 / 网络数）、非洲 4/4（华为 / 网络数）。

截至 2020 年 9 月底，中兴通讯已在全球获得 55 个 5G 商用合同，与全球 90 多家运营商开展 5G 合作，覆盖 500 多个行业合作伙伴。

截至 2020 年 12 月 31 日，爱立信已经在全球斩获 122 个 5G 商用合同，其中爱立信已经与 71 家运营商客户达成 5G 商用合同，目前在 40 个国家和地区为 77 个已经正式运行的 5G 商用网络提供设备。

截至 2020 年 12 月 31 日，诺基亚已在全球取得了 187 份 5G 商业协议，138 份 5G 商用合同，其中，已与 73 个服务提供商进行 5G 商业交易，有 44 个实时 5G 设备商网络。

从商用网络的数量来看，截至 2020 年年底，华为的承接数量是占据领先地位的。之所以在年底出现发展缓慢的状况，主要是因为第三季度美国对华为发起了更多的制

裁。华为的市场份额下降到 32.8%，依然排名全球第一。中兴的市场份额下降到 14.2%，排名全球第三。

与此同时，竞争对手爱立信和诺基亚市场份额均有提升。以爱立信为例，作为华为被美国制裁的主要受益者，其市场份额从 20.7% 上升到 30.7%，提升了 10 个百分点。诺基亚也从 2020 年第二季度的 10.1% 提升到 13.0%。

由于美国对中国通信设备商的打压，华为和中兴虽然依然占据市场份额的领先地位，但是爱立信等竞争对手也都奋起直追。

2020 年 12 月 28 日，工信部在 2021 年全国工业和信息化工作会议上指出，2021 年将有序推进 5G 网络建设及应用，加快主要城市 5G 覆盖，推进共建共享，新建 5G 基站 60 万个以上。

不论是对于中国还是对于全球而言，5G 赋能经济社会转型的新时代已经到来，各行业适用于 5G 的应用场景不断增多，未来将出现更多新的业务模式，并对人类社会产生巨大影响。

而作为国内通信设备商的代表之一，2021 年 2 月 8 日，华为表示，华为已经拿下全球运营商超过 1000 个 5G 行业应用合同，这些合同涵盖了超过 20 个行业。尽管当前部分国家对华为的网络设备关上了大门，但迄今为止全球 59 个国家或地区的 140 张商用 5G 网络中，华为仍然承建了一半以上。

　　从这个角度而言，华为 5G 技术依然是多数国家在建设网络时的首选。随着各国对于 5G 网络基础建设的需求不断增加，在未来全世界的 5G 网络建设中，华为将继续发挥重要的作用。

第2章

5G技术赋能未来生活

2.1

5G有哪些核心技术

5G 通信技术是继 2G（GSM）、3G（UMTS、LTE）和 4G（LTE-A、WiMax）通信技术之后的进一步延伸。在前几代通信技术的基础上，5G 通信技术综合了大量先进技术，最终目标是实现高数据传输速率、低时延、节能、低成本、高系统容量和大规模设备连接的网络通信方式。

那么 5G 通信网络包括哪些核心技术呢？

（1）超密集异构网络（UDN）

在现有的网络结构下，给定频谱资源所能够获得的频谱效率已经接近理论极限。在通信需求急剧增长和频谱资源相对紧缺的双重压力下，研究人员提出超密集异构网络（Ultra Dense Network，UDN）的概念。

UDN 采用大功率宏基站为网络提供基本覆盖，并在宏基站的覆盖区域内部署微微基站、毫微微基站、中继节点等低功率基站以最大化频谱资源复用率，增强热点区域覆盖能力。从数量上来说，在 2G 时代只有几万个通信基站，3G 时代有几十万个基站，4G 时代有 500 多万个基站，而到了 5G 时代，为了满足人们的日常通信需求，基站数量可能会在 2000 万个左右。

由于 5G 采用的毫米波基本没有穿透能力，这些微微基站和毫微微基站对于通信网络的正常使用至关重要，正因如此，UDN 所采用的异构网络和超密集网络成为 5G 的关键技术之一。

通常来说，异构网络指的是一种多协议网络，包含不同制造商生产的网络设备和相关应用系统，这并不是个新鲜名词。在 20 世纪 90 年代，美国加州大学伯克利分校的 BARWAN 项目负责人 R.H.Katz 将重叠的不同类网络融合形成异构网络，以求满足网络终端的业务多样性需求。

随着蜂窝部署范围的逐渐减小，为了使功效和频谱效率得到大幅提升，5G 时代的通信网络应该是一种基于宏基站与低功率小微基站实现信号覆盖的融 Wi-Fi、5G、LTE、UMTS 等多种接入技术的异构网络，为大容量、多样性和灵活性的特性提供有力保障。

（2）机器对机器的通信（M2M）

M2M(Machine to Machine) 通信是指机器对机器的通信技术。广义的 M2M 主要是指机器与机器之间、人与机器之间以及移动网络与机器之间的通信，它涵盖了所有实现人、机器、系统之间通信的技术；从狭义上说，M2M 仅仅指机器与机器之间的通信，显然

M2M 是物联网技术重要的组成部分。如果没有 M2M 技术将物体连接起来，物联网的概念就只是一句空谈。

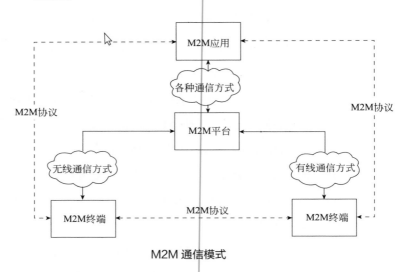

M2M 通信模式

据思科预测，到 2023 年，M2M 家庭应用将占主要份额，达到 48%，并且在预测期内（2018 年～ 2023 年），互联汽车应用的复合年增长率将最快达到 30%。汽车、消费电子、能源、公用事业以及医疗保健等行业已经成为 M2M 技术高频使用的重点行业，等到 5G 大规模推广使用之后，机器与机器之间的通信将扮演更加重要的角色。例如在智能家居的自动化和安全监测方面，在家庭安装了烟雾探测器之后，烟雾探测器会实时检测家庭环境数据，并将数据发送到云端进行数据对比。如果家中的烟雾密度出现异常，控制系统会给空气净化器或报警设备发送指令，使空气净化器开启工作，或者由报警设备报警。在这个过程中，几乎不需要人的操作，全部是机器与机器之间进行通信并进行指令的发送和执行。

（3）设备对设备的通信（D2D）

与 M2M 概念类似，D2D（Device to Device）通信指的是设备到设备之间的通信技术，是一种基于蜂窝系统的近距离数据直接传输技术。

在现有的通信系统中，设备之间的通信都是由通信运营商的基站进行控制，无法直接进行语音或数据通信。而 D2D 会话的数据直接在终端之间进行传输，不需要通过基站转发，相关的控制信令仍由蜂窝网络负责。它的目的在于使一定距离范围内的通信设备直接通信，不需要再通过基站处理，降低运营商基站的负荷。

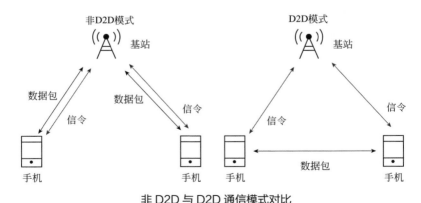

非 D2D 与 D2D 通信模式对比

在 D2D 技术出现之前，已有类似的通信技术出现，如蓝牙、Wi-Fi Direct、FlashLinQ 等，但除了蓝牙之外，其余技术都没有得到大范围的推广使用。D2D 通信与蓝牙、WLAN 等短距离通信技术的最大区别是它使用电信运营商的授权频段，其干扰环境是可控的，数据传输具有更高的可靠性。而且用户在使用过程中，D2D 通信更加便捷，比如蓝牙在实现不同设备之间的通信前，需要用户手动匹配才能实现通信，WLAN 在通信之前需要对接入点（AP）进行设置，而 D2D 通信则无需上述过程就可以实现设备与设备之间的信息交互。这也是 3GPP 选择把 D2D 技术列入 5G 通信系统发展框架中的原因，它既可以在基站控制下进行连接及资源分配，也可以在无网络基础设施的时候进行信息交互。当 5G 网络普及之后，每个 5G 用户都作为一个传输信号的节点，由 D2D 通信用户组成一个分布式网络，在这个网络中，所有用户都可以贡献和享受一部分服务和资源，由其他用户直接访问而不需要进行基站的转发，方便了用户之间的信息传输，也减轻了运营商基站服务的负担。

（4）内容分发网络（CDN）

在 4G 时代，我们已经经历了由于音频、视频等业务爆炸式增长造成的网络拥塞，在通信网络状况不佳的情况下，音频和视频的正常开展会面临诸多困难，给用户造成极差的使用体验。

但是单纯地增加带宽并不能彻底解决这个问题，因为音视频等内容在传输到最终用户手中之前，还会受到传输延时、服务器处理能力等多方面因素的影响。比如有特别火爆的网剧或直播需要在线观看或下载，在 4G 时代，用户会集中性地访问某一台服务器，最终导致网络阻塞，这在任何网络环境下都是不可避免的事情。

可以预见，5G 时代的音视频服务只会增多而不会减少，在此背景下，内容分发网络（Content Distribution Network）对于大流量内容、用户访问、通信延时等问题的解决具有重要的意义。

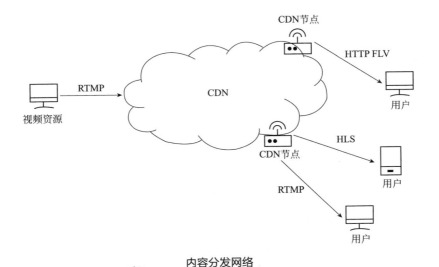

内容分发网络

内容分发网络的基本思路是尽可能避开互联网上有可能影响数据传输速率和稳定性的瓶颈和环节，通过在传统网络基础之上增加一层智能虚拟网络，实时地根据网络流量和各节点的连接、负载状况以及到用户的距离和响应时间等综合信息，将用户的请求重新导向离用户最近的服务节点上。比如附近的用户都喜欢某一部网剧，那就将这部网剧存储在这里的网络节点上，用户在通过网络观看网剧的时候可以直接访问该网络节点，使得网络拥堵状况得以缓解，缩短响应时间。

在 5G 时代，随着智能终端数量的增多和音视频类应用的增多，用户对移动数据业务的需求量不断上升，单靠增加带宽的方式只会徒增通信运营商的成本，因此 CDN 势必会成为 5G 网络必需的核心技术之一。

（5）移动云计算（MCC）

云计算（Cloud Computing）是分布式计算的一种，指的是通过云端将海量数据计算处理程序分解成无数个小程序，然后通过多台服务器组成的系统进行处理和分析，并将结果合并返回给用户。

早期的云计算就是简单的分布式计算，解决任务分发，并进行计算结果的合并。但随着智能移动设备的不断增多，如今的用户更喜欢在手持移动设备上运行相关服务，而不再是在传统的电脑上，因此就出现了移动云计算（Mobile Cloud Computing，MCC）的概念。

加上 5G 时代数字化通信能力进一步大幅提升，连接大量终端的能力得到极大提高，可以真正实现云时代的移动智能互联。在这个背景下，将数据的存储、计算和分析转移到云端，可以大大降低智能移动设备的能耗和存储问题。

移动云计算的出现可以为智能移动终端带来以下好处：

① 减少移动终端的耗电量；

② 支持移动终端部署更加复杂的应用；

③ 解决移动终端设备存储不足的问题；

④ 降低移动终端数据和应用丢失的风险。

通过提供算力资源，移动云计算可以支持智能移动终端上的应用远程执行，为用户提供更加高质量的服务和体验，为通信运营商和云服务提供者提供更多的业务方向。

（6）信息中心网络（ICN）

信息中心网络（Information Centric Networking）技术以互联网的主要需求为导向，以信息／内容为中心构建网络体系架构，增加网络存储信息的能力，从网络层面提升内容获取、移动性支持和面向内容的安全机制能力。它的特点在于打破以主机为中心的连接方式，变成以信息为中心的模式，采取"订阅 - 发布"的模式，从而实现内容的高效分发。

举个例子，A 向网络发布了一个短视频之后，B 在请求这个短视频内容时，网络节点会将 B 请求该短视频的请求发送到 A，由 A 将该内容发送给 B。在短视频内容传输的过程中，带有缓存的节点会将该内容缓存下来。接下来，如果还有其他人对该短视频做请求，邻近带有缓存的节点会直接将内容给到订阅方。

ICN 可以非常简单地实现订阅者和发布者之间的信息传输，但目前，ICN 依然缺乏大规模移动用户场景的验证，而且在"订阅 - 发布"的过程中，也面临着隐私泄露、信息篡改等问题，这些问题都需要在实际应用之前得到进一步的解决。

（7）软件定义无线网络（SDWN）

软件定义网络（Software Defined Network）的概念大家并不陌生，它是网络虚拟化的一种实现方式，通过将网络设备的控制平面与数据平面分离，实现了网络流量的灵活控制，协助运营商更好地控制基础设施，降低整体运营成本。

随着无线网络在人们生活中应用得越来越广泛，软件定义无线网络（Software Defined Wireless

Networking，SDWN) 也随之而来。与传统的无线网络架构相比，SDWN 具有网络资源优化、异构网络融合、可控性更好等优点。

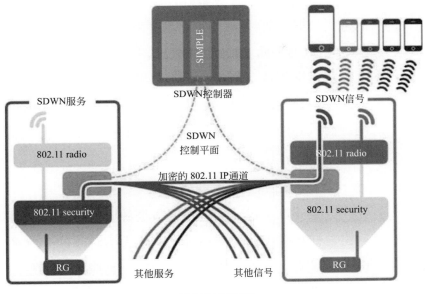

SDWN 示意图

那么从架构层面，SDWN 是如何实现的呢？

一般来说，SDWN 的架构分为 3 个平面，从上层到底层依次为应用平面、控制平面和数据平面，分别负责以下功能。

① 应用平面。应用开发商在应用平面上进行应用开发，并向控制平面下发指令，实现用户的不同需求。同时对控制平面以及数据平面进行监控，使网络

可以满足业务需求。

②　控制平面。控制平面主要负责流表控制、资源调度及全网信息的获取，在接收到上层应用平面的指令后，将其"翻译"成基础设施可以执行的指令，并下发到数据平面。

③　数据平面。最底层的数据平面由核心网、承载网及接入网组成。其中，接入网支持终端用户以不同方式接入；承载网负责承载无线业务并将其接入核心网；而核心网则由可编程的交换机和路由器组成，并接入互联网。

（8）边缘计算（Edge Computing）

边缘计算是指在靠近物或数据源头的一侧，采用网络、计算、存储、应用等核心能力为一体的开放平台，就近提供最近端服务。它的特点是应用程序在边缘侧发起，减少核心网的负载，进行更快的网络响应，满足实时业务、应用智能等方面的需求。

举个例子，近几年市面上有很多类型的智能音箱，这些智能音箱的语音控制难点主要包括交互时延和匹配度两个方面。按照以往中心云处理的方式，用户下达语音指令后，由音箱收集用户的语音信息，上传到云端，经过云端的计算识别之后，再将成功识别的指令或失败提示返回终端，由智能音箱进行对应的操作。这个传输过程明显无法解决交互时延的问题，对于智能音箱这类要求低时延的服务终端，如果在 2～3s 内无法得到响应，用户可能就会选择其他终端或服务。

而边缘计算要解决的就是这个问题，通过在边缘侧完成语音信息的处理，将语音识别工作完成后，通过本地缓存将信息返回用户，可以提高设备的响应速度，改善用户体验。

（9）网络切片（Network Slicing）

5G 不再局限于人和人之间的通信，而是致力于万物互联。4G 网络难以满足万物之间的海量连接，以及工业上对于通信网络的具体需求，在此背景下，网络切片作为一种"按需分配"的组网方式出现在人们面前。

简单来说，网络切片就是通过对网络资源的合理配置，实现不同业务的个性化服务。在 5G 时代，不同的业务场景对网络功能、系统性能等方面有着不同的需求，比如网络视频业务和智能家居业务，它们对于网络功能和性能的要求肯定是不一样的。如果按照统一的方式进行配置，一方面难以满足某些特殊场景的需求，另一方面也可能会造成网络资源的浪费，对于资源配置和网络运维都是极大的挑战。

网络切片就是针对不同的业务场景，将网络配置成不同的切片，使得运营商能够根据需求，以较低的成本为用户提供个性化的网络服务。这其中每一个网络切片实例(Network Slice Instance，NSI)就是一个真实运行的逻辑网络，为业务提供完整的端到端的网络服务。可想而知，当这个网络切片实例中只包括特定场景所需要的功能，那么它的服务效率将会大大提高，功能和性能也都会得到保障。

具体来说，网络切片管理的过程如下。

① 通信业务管理功能(Communication Service Management Function，CSMF)接收客户的业务需求，并将业务需求转化成网络切片需求；

② CSMF将网络切片需求发送至网络切片管理功能(Network Slice Management Function，NSMF)；

③ NSMF将接收到的网络切片需求转化为网络切片子网需求，并将网络切片子网需求发送至网络切片子网管理功能(Network Slice Subnet Management Function，NSSMF)；

④ NSSMF将网络切片子网需求转换为网络功能需求，将网络功能需求发送至网络编排器(Management and Orchestration，MANO)；

⑤ 由MANO根据需求进行网络服务实例化。

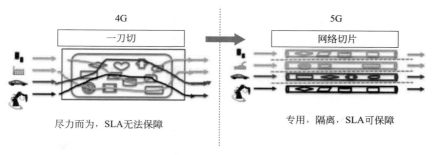

4G   5G

一刀切   网络切片

尽力而为，SLA无法保障   专用，隔离，SLA可保障

网络切片示意图

　　5G移动通信网像交通系统一样。马路有快车道、有高速公路，铁路分高铁、动车、绿皮车，还有航空等，整个交通系统满足了不同类型的应用，提供了不同类型的服务。切片也让信息通信网络能够具备不同的能力，适配不同的应用，从而满足不同客户的需求。

——中国移动研究院副院长黄宇红

　　网络切片技术不仅是实现业务所需网络资源合理化的必备技术，也是运营商在5G时代新的盈利点。通过针对不同的网络需求调拨不同的网络资源，在满足用户个性化需求的同时，还可以降低平均成本。

（10）情境感知（Context Awareness）

情境感知技术源于所谓普适计算（Ubiquitous Computing）的研究，简单来说，就是通过传感器及其相关的技术，使计算机和移动终端设备能够"感知"当前的情境，包括用户行为、地理位置、使用偏好等特征，从而在感知情境的前提下主动为用户提供对应的服务。

在 5G 时代，随着通信网络和移动终端的发展，情境感知技术可以让通信网络和移动终端更加智能，传感器感知情境并收集用户信息后，可以推送给用户真正需要的信息，而不是被动接受用户的请求信息，并且在 5G 网络和传感器的综合作用下，避免给用户推送错误信息或者用户不感兴趣的信息。

不管是对于通信运营商、设备制造商，还是最终用户而言，5G 的各类应用场景已经陆续涌现出来。3G 和 4G 已经成为人们耳熟能详的名词，但通信网络永无边际，唯有不断发展关键技术，才能早日实现万物互联。

2.2
5G之花：三高两低

　　如果说 1G 到 4G 都是在改善人与人之间的通信质量，那么在 5G 出现之前，人与人之间的通信质量已经不是问题，不管是通话质量还是微信等 OTT 业务，都已经可以满足人们对于通信的日常需求。

　　那么 5G 出现的必要性何在呢？低时延、高稳定性、海量设备接入这一系列性能的提升，又能带来什么变革呢？

　　答案很简单——万物互联。

　　从 1G 到 4G 的通信对象都集中在人与人之间，而 5G 时代的通信对象则包括了人与人、人与物、物与物三个方面。不仅人与人之间的通信方式更加多样化，万物也加入了这个互联的网络，家居用品、交通工具、生产工具、城市设施都不再是以往的静物，而是会与人类产生数据交流的物品。

　　在 5G 的诸多关键性能之中，最令人耳熟能详的是 IMT-2020（5G）推进组在 2015 无线电通信全会上提出的"5G 之花"。在本次会议上，国际电联无线电通信部门（ITU-R）正式批准了三项有利于推进未来

5G 研究进程的决议，并正式确定了 5G 的法定名称是"IMT-2020"。

[备注：IMT-2020（5G）推进组是 2013 年 2 月由工信部、发改委和科技部联合推动成立的组织，目前至少有 56 家成员单位，涵盖国内移动通信领域产学研用主要力量，是推动国内 5G 技术研究及国际交流合作的主要平台。]

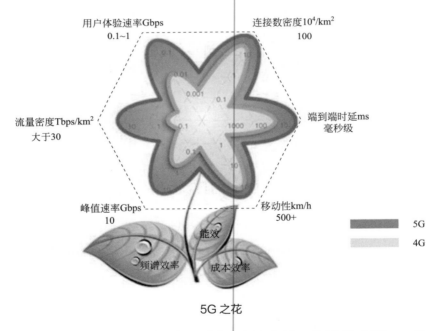

5G 之花

在 5G 之花中，我们可以看到，花瓣代表了 5G 的六大性能指标，包括用户体验速率、连接数密度、流量密度、端到端时延、峰值速率、移动性；绿叶则代

表三个效率指标，包括频谱效率、能效和成本效率。

最终，ITU 确定了 5G 的 5 个基本特征，即高速率、高容量、高可靠性、低时延与低能耗，也就是俗称的"三高两低"，接下来，我们来详细看一下所谓的"三高两低"指标包括哪些内容。

（1）高速率

高速率是大家最关心的 5G 性能指标，在最佳条件下，5G 网络的最大速率可以达到 20Gbps。那么如何提高网络速率呢？

这里一定要提及的就是香农公式：

$$C=B \log_2(1+S/N)$$

式中，C 是数据速率的极限值，bit/s；B 是信道带宽，Hz；S 是信道内所传信号的平均功率，W；N 是信道内部的高斯噪声功率，W。

通过香农公式可以看出，为了提高数据传输速率，要做的就是提升频带宽度和信噪比（S/N），主要包括以下三个方面。

① 毫米波：提高信道宽度。

1G 到 4G 采用的主要是 300MHz ～ 3GHz 频谱，这个频段具备穿透性好、覆盖范围大等优点，但是频带宽度太窄了，频谱已经快分完了，为了满足大容量、高速率数据传输，通信运营商不约而同地选择了毫米波。

通常认为毫米波频率范围为 26.5 ～ 300GHz，带宽高达 273.5GHz。即使考虑大气吸收，在大气中传播时只能使用四个主要窗口，但这四个窗口的总带宽也可达 135GHz，为微波以下各波段带宽之和的 5 倍，不仅可以缓解频率资源紧张的局面，也可以实现高速传输的目标。

2021 年 MWC 上海展上，由中国联通、高通、华为、OPPO、爱立信、上海贝尔、紫金山实验室等参与演示的 5G 毫米波客户前置设备（CPE）速率、5G+AR 雪景拍照、5G 混合现实智慧雪场、5G 自由视角 / 多视角赛事直播、360° 全景高帧率视频传输等，向现场观众演示了毫米波在冬奥会上可以发挥的作用。

实际上，在冬奥会赛场布置的 5G 设备既有中低频网络也有 5G 毫米波传感器。基于毫米波更高的传输速率和更低的时延网络，一方面可以明显降低延时，使观众看到的 5G 实时直播画面几乎和比赛是同步进行的；另一方面由于毫米波频段受到的干扰更少、容量更高，可以极大提升智能终端间互联互通的效率。

② 波束赋形：提升信噪比。

除了提高信道宽度，提高网络速率的另一种途径就是提高信噪比。在 5G 网络中，由于毫米波覆盖范围过窄，路径损耗大，所以需要通过调整相位阵列的基本单元的参数，使得某些角度的信号获得相长干涉，而另一些角度的信号获得相消干涉，让波束的能量向指定的方向集中，不仅可以增强基站的覆盖距离，还可以降低相邻波束间的干扰，使更多的用户可以同时进行通信。

③ 大规模天线：提升信噪比。

在 4G 到 5G 演进的过程中，随着频率的增加，天线尺寸进一步缩小，天线数量进一步增加。于是，原有的 MIMO 也就变成了 Massive MIMO（大规模天线）。

传统的 MIMO 通常有 2 天线、4 天线、8 天线，而大规模天线的天线数量可以超过 100 个。大规模天线系统可以控制和调节每一个天线单元发射（或接收）信号的相位和信号幅度，产生具有指向性的波束，也就是波束赋形。这样一来，可以使无线信号能量在手机位置形成电磁波的叠加，提高接收信号强度。

在 5G 网络中引入大规模天线的好处是可以通过波束赋形服务多个小区用户，提高用户的信噪比，提升网络数据传输速率。

（2）高容量

　　5G 网络的第二个特性是可以支持海量终端设备的连接，理论上每平方公里最多支持连接 100 万台设备，为万物互联奠定了良好的基础。根据全球移动通信系统协会 (GSMA) 发布的《2021 中国移动经济发展报告》，截至 2020 年年底，中国 5G 终端连接数量已超过 2 亿，占全球 5G 连接总数量的 87%，如此大的终端连接量必须有 5G 网络高容量特性的支持。

（3）高可靠性

　　通信系统的可靠性是指在一定的时间内，数据成功地从发送方传输到接收方的概率。针对不同的场景，5G 的可靠性标准可能会略有不同，例如部署在电力、矿业等环境复杂的通信环境中时，5G 网络的可靠性也会受到一定的影响。

　　在数据从发送方到接收方的传输过程中，5G 采取了混合自动重传请求（Hybrid Automatic Repeat reQuest，HARQ）机制，这是一种将前向纠错编码（FEC）和自动重传请求（Automatic Repeat reQuest，ARQ）结合而形成的技术。

　　在无线网络的数据传输过程中，由于外部环境的影响可能造成传输失败或者数据丢失。5G 出现之前，数据丢失错误的处理方式是应用检测校验码，一旦发现数据包存在错误，自动要求发送方重新传送数据包，而错误的数据包就被扔掉了。

而 HARQ 在解码失败的情况下，并不会丢掉错误的数据包，而是会保存接收到的数据包，并要求发送方重新传输数据，将重传的数据和先前接收到的数据进行合并后再解码，经过多次数据包的对比，形成正确的传输数据，降低了等待完全正确的数据包造成的时延。

当然了，5G 网络的高可靠性并不是靠 HARQ 单独实现的，而是靠数据传输中各个环节的协作配合才能实现。

（4）低时延

从理论上讲，5G 网络的空口延时可以做到 1ms，这个延时指的是手机终端到基站之间的延时，为了降低网络传输的时延，主要通过以下两种方式来实现。

① 降低信令损耗。

降低信令损耗即在信号传输过程中减少不必要的信令，比如通过全双工技术减少信道估计时间，缩减 OFDM 信号的 CP 前缀，降低网络传输过程中不必要的损耗。

② 压缩网络处理过程。

压缩网络处理即不经过不必要的处理单元，使控制结构和数据传输结构相分离，主要使用雾计算和无线缓存技术来实现。

其中，雾计算（Fog Computing）将数据处理程序和应用程序集中在网络边缘的设备中，而不是全部保存在云中，从而降低网络延时；无线缓存则是通过缓存内容降低网络延时。

（5）低能耗

作为万物互联的基础，5G网络中部署的海量物联网设备需要在网络通信时尽量保证低能耗，以便在长时间不更换电池的情况下也能保持正常工作状态。

越来越多物联网传感器和智能可穿戴设备进入人们的生活，如果每天都需要对它们进行充电，就违背了5G网络让生活更加智能化、便捷化的初衷。5G通过优化硬件通信协议等可以有效解决通信方面的能耗问题，使物联网应用在使用5G网络进行数据传输时可以保持低能耗运行。

5G之花所阐述的五项关键性能让5G网络可以在众多垂直行业中有用武之地。例如在智慧交通方面，无人驾驶汽车在行驶过程中会有大量需要即时处理的数据，对于信息传输和处理的时延要求极高，而5G网络的低时延、高速率特性可以使无人驾驶更加安全。

在其他垂直行业中，高速率、高容量、高可靠性、低时延与低能耗的5G网络一旦被广泛应用，势必会创造出内容更丰富的应用场景并迅速产生规模化效应，为人们的生活、生产带来新一轮的变革。

5G标准是哪些组织制定的

对于移动通信行业而言，通信标准可谓是技术竞争的制高点，积极参与通信标准的制定工作，对于一个国家或地区的通信行业发展具有极其重要的作用。

首先，每一种移动通信网络系统都是由多个通信产品和子系统组成的，这些子系统之间必须兼容才可以实现通信，标准化则可以让这些子系统按照统一的设计标准进行研究开发。

其次，技术标准化是移动通信技术推向市场的必备因素。移动通信标准不会局限于某一个国家或地区，在标准的制定过程中，谁可以掌握更多的话语权，在移动通信技术的市场推广中就会占据更多的优势。

在移动通信技术的发展初期，通信标准是非常混乱的。比如在 1G 时代，不同国家和地区没有采用统一的通信标准，北欧地区采用 NMT（Nordic Mobile Telephony）标准，美国和澳大利亚采用 AMPS（Advanced Mobile Phone System）标准，英国采用 TACS（Total Access Communications System）标准，葡萄牙及南非等地区采用 C-450 标准，如此多的通信标准使各国和地区的终端设备无法通用，也无法实现国际漫游功能。

1G 时代通信标准各不相同的情况是由于各国自行研发而导致的，当时通信市场的整体规模较小，各国不需要在通信标准的制定上进行竞争。而在 2G 时代就出现了通信

标准制定的竞争，各国开始意识到一旦某种通信技术成为产业标准，那么所有的终端设备厂商都要按照该标准进行设备生产、组网、终端接入，采用该标准的用户也会越来越多，从而带动总用户数实现几何级增长。所以在制定 3G 至 5G 通信网络标准时，各个国家及企业投入了大量的资金和精力。

目前，主要的 5G 标准制定机构包括以下三家：

ITU（International Telecommunication Union，国际电信联盟）；

3GPP（3rd Generation Partnership Project，第三代合作伙伴计划）；

IETF（Internet Engineering Task Force，互联网工程任务组）。

（1）ITU

ITU 是总部设在日内瓦的主管信息通信技术的联合国机构，包括 193 个成员国、700 多个部门成员及部门准成员和学术成员。

ITU 的无线电通信部门（ITU-R）下设的 SG5 WP5D 工作组负责 5G 愿景、需求和 KPI 的制定，并对 5G 候选技术进行评估和最终的认定和发布。

2015 年，ITU-R 发布了 5G 愿景建议书 M.2083，定义了 5G 三大典型应用场景，即 eMBB、mMTC 以及 uRLLC。

2017 年和 2021 年，ITU-R 分别发布了报告书 M.2410

和建议书 M.2150，给出了 5G 的空中接口（空口）最小性能需求和 5G 的空中接口详细规范。

（2）3GPP

3GPP 标准化组织成立于 3G 时代，目前已成为影响最为广泛的国际标准制定组织。3GPP 由来自中、美、日、韩、欧洲、印度的七个通信标准化制定组织组成，具体如下：

· 欧洲 ETSI（European Telecommunications Standards Institute, 欧洲电信标准化委员会）；

· 北美 ATIS（The Alliance for Telecommunications Industry Solution, 世界无线通讯解决方案联盟）；

· 日本 ARIB（Association of Radio Industries and Business, 无线行业企业协会）；

· 日本 TTC（Telecommunications Technology Committee, 电信技术委员会）；

· 韩国 TTA（Telecommunications Technology Association, 电信技术协会）；

· 中国 CCSA（China Communications Standards Association, 中国通信标准化协会）；

· 印度 TSDSI（Telecommunications Standards Development Society, India，印度电信标准开发协会）。

3GPP 的组织架构包含三个 TSG(Technical Specification Group, TSG_RAN, TSG_SA, TSG_CT)，以及各个 TSG 下分设的 15 个 Work Group（RAN1 ~ RAN5,

SA1 ～ SA6，CT1,CT3,CT4,CT6），超过 550 家会员公司参与。任何公司或个人想要参与标准规范的制定，必须要先成为七个通信标准化制定组织中的成员。

3GPP 的标准研究规范覆盖了与终端、基站、核心网以及网管、计费相关的所有 5G 技术的标准。

通常来说，3GPP 制定 5G 标准包括以下五个步骤。

① 早期研发　由 3GPP 成员提出愿景或需求，并进行早期研究，如果系统可行，则交由 3GPP 进行审核。

② 提案　所有成员都可以向 3GPP 进行提案，但是提案必须获得至少 4 个成员支持才会生效。提案经由标准制定组集体讨论，如若被采纳则进入可行性研究。

③ 可行性研究　经过多轮测评和考核后，项目组将提案总结成技术报告，再交由标准制定组决策，测评后，若在技术上可行，则进入技术规范。

④ 技术规范　技术规范就是将任务划分为若干技术模块并完成，而后经过 TSG 决策，最终形成发布版本。

⑤ 商用部署　5G 标准制定完成后，各成员必须按照 3GPP 的规则，将 5G 进行商用部署。在这一过程中，如果出现需要改进的环节，就需要向 3GPP 递交变更请求，得到反馈后，方可进行相应的改进。

2017 年 3 月，3GPP 启动了 5G 首版标准 Release-15（Rel-15）的研究，工作计划包含了新一代的核心网网络架构（5GC 服务化架构）以及 5G NR（New Radio）研究的任务点。Rel-15 侧重于增强型移动宽带、超可靠低时

延通信、频率范围（频点和带宽）、空口以及协议设计中前后兼容的重要性等方面的研究。

2018 年 6 月，3GPP Rel-15 标准冻结，在制定过程中，Rel-15 力求以最快的速度产出"能用"的标准，满足了 5G 多方面的基本功能，侧重解决 5G 三大场景中的 eMBB。

2020 年 7 月，3GPP 宣布 5G 的第二版规范 Rel-16 冻结。Rel-16 是对于 Rel-15 的增强版本，实现了从"能用"到"好用"的转变，主要研究内容为 eMBB 功能增强、毫米波增强、uRLLC 功能增强等。Rel-16 的冻结也意味着各厂商可根据规范进行产品的研发制造。

2019 年 12 月，3GPP 启动 Rel-17 的研究，并预计于 2022 年冻结。Rel-17 将持续增强 R16 项目的研究以及对新特性的支持，其中无线方面侧重于继续增强 5G NR 技术的研究，在启动新服务、部署和频谱等方面进一步扩大 5G 的范围。3GPP Rel-18 在 2021 年底立项，预计 2023 年底冻结标准。

中国无线通信标准研究组（CWTS）于 1999 年 6 月以组织成员身份加入 3GPP。目前，中国已有几十家企业或机构加入 3GPP 并参与 3GPP 的标准研究工作，包括中国信通院、中国电信、中国移动、中国联通三大电信运营商，华为、中兴、大唐、普天、信威等设备厂商，以及 vivo、OPPO、小米等手机厂商。随着中国通信技术实力的增强，中国在 3GPP 的影响力也在逐步提升。

（3）IETF

IETF 成立于 1985 年年底，是一个由为互联网技术工程及发展做出贡献的专家自发参与和管理的国际民间机构，也是全球互联网最具权威的技术标准化组织，主要任务是负责互联网相关技术规范的研发和制定，其中一些技术将会被用于 5G 网络。

在 5G 标准制定工作中，IETF 与 3GPP 协同工作。例如，3GPP SA3 的 5G 安全规范便应用了 IETF 的网络接入认证框架（RFC 3748）。

除去以上三家主要的 5G 标准制定机构外，还有一些 5G 研究组织也积极参与到 5G 标准制定的工作中，例如 METIS、5GPPP 等。5G 通信标准的确立是各大电信运营商、网络设备商、终端和芯片厂商、仪器仪表厂商、互联网公司共同努力协作的工作成果，它的出台不仅为用户提供了更高的数据传输速率和带宽，同时实现了多样化产业的整合。在通信标准的基础上，电信运营商、网络设备商、终端和芯片厂商等才能发展 5G 网络下的行业新模式，共同完善 5G 通信网络的产业生态环境。

第 3 章

5G时代的工业互联网——新一轮工业革命即将来临

3.1
工业4.0的主要内容

工业 4.0（Industry 4.0）又称第四次工业革命，对于大部分人来说，这个概念相对比较陌生，其实它是基于工业发展的不同阶段做出的划分。

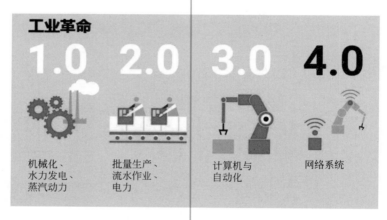

工业革命发展

工业 1.0 是蒸汽机时代。18 世纪从英国发起的技术革命是技术发展史上的一次巨大革命，它开创了以机器代替手工劳动的时代。

工业 2.0 是电气化时代。19 世纪 70 年代，欧洲国家和美国、日本的资产阶级革命或改革的完成，直接促进了经济的发展，推动了社会生产力的发展，对人类社会产生了深远的影响。

工业 3.0 是信息化时代，以原子能、计算机、空间技术和生物工程的应用为标志，涉及信息技术、新能源技术、新材料技术、生物技术、空间技术等诸多领域。

工业 4.0 是利用信息化技术促进产业变革的时代，也就是智能化时代。这个概念最早由德国在 2013 年的汉诺威工业博览会上推出，在最初的概念里，工业 4.0 是指利用物联信息系统将生产中的供应、制造、销售等信息进行数据化、智慧化，最终实现快速、有效、个人化的产品供应。

2017 年，国务院印发《国务院关于深化"互联网＋先进制造业"发展工业互联网的指导意见》，提出增强工业互联网产业供给能力，持续提升我国工业互联网发展水平，深入推进"互联网＋"，形成实体经济与网络相互促进、同步提升的良好格局。

2019 年，工业和信息化部发布《工业互联网发展行动计划（2018—2020 年）》。行动计划称，到 2020 年年底，推动 30 万家以上工业企业上云，培育超过 30 万个工业 App；初步构建工业互联网标识解析体系，建成 5 个左右标识解析国家顶级节点，标识注册量超过 20 亿；企业外网络基本具备互联网协议第六版（IPv6）支持能力；初步建立工业互联网安全保障体系等。

在国家政策的支持下，工业 4.0 是 5G 赋能工业经济的必由路径，这是工业 4.0 与 5G 双向选择的结果。工业互联网对网络技术提出了更高的需求，5G 也需要借助工业体系实现机械、汽车、电子、家电、服装、建筑等行业的融合模式。

一般来说，工业 4.0 主要包括以下内容。

（1）大数据分析

大数据分析是指对规模巨大的数据进行分析，通常来讲，大数据分析具备数据量大 (Volume)、速度快 (Velocity)、类型多 (Variety)、有价值（Value）、真实（Veracity）5 个特性。

具体在工业互联网中，大数据集中反映为生产设备和系统等不同来源收集的数据，以及企业和客户管理系统收集的数据。这些数据之间的因果关系和发展趋势会直接影响企业的决策，通过对大数据的分析，可以为企业和客户提供科学决策。

随着工业生产环境中不断涌现的物联网、人工智能应用，原有的数据处理平台已经无法进行如此复杂、多样、海量的数据分析，而 5G 技术海量、低时延、非结构化的数据特点将进一步促进数据处理和分析技术的进步。

（2）智能机器人

　　智能机器人是工业物联网中一个越来越热门的细分市场，重工业中的机器人在焊接、喷涂、切割和无尘室等领域的应用相对成熟，而且这些智能机器人往往呈现出高度专业化和高成本的特点，出于安全方面的考虑，通常与人完全隔离。

　　近年来，一种被称为"cobots"的新型智能机器人在具有工业 4.0 功能的智能工厂中得到更广泛的应用。由于 cobots 本身安装有更多传感器，可以在复杂的工作环境内实现广泛连接下的人工智能，无须进行大规模的物理改变。

　　位于美国加利福尼亚州的 Cobalt Robotics 所生产的室内安全机器人安装了激光雷达、热像仪和红外＋超声波传感器等一系列设备，通过在预先指定的路线上巡逻以发现入侵者或环境事件。客户需要按月付费，可以获得机器人的使用、软件升级和远程支持等服务。

（3）模拟系统

　　模拟系统是指在真实数据的基础上，通过搭建虚拟模型反映物理世界。可以在虚拟模型中测试一些实际操作时风险大或者成本高的活动，提前调整工作方法和步骤，以便更加有效地应对现实中的变化。

（4）物联网

工业 4.0 的转型绝对离不开全面的物联网建设，通过传感器、RFID、网关等技术的配置与建设，为工业生产的全面自动化、智能化奠定了良好的基础。

在实际应用中，将工厂内系统、硬件设备与机器在物联网的基础上互联互通，逐步达到全企业内所有工厂之间运营、监控和管理决策的完整联系，由此激发主要生产力的提升，并提高运营决策的灵活性。

（5）云计算

云计算是分布式计算的一种，指的是通过网络"云"将巨大的数据计算处理程序分解成无数个小程序，然后通过多部服务器组成的系统处理和分析这些小程序，得到结果并返回给用户。

从广义上来说，云计算是与信息技术、软件、互联网相关的一种服务。云计算把许多计算资源集合起来，通过软件实现自动化管理，只需要很少的人参与，就能实现快速的资源整合和计算分析。而在这个计算的过程中，5G 通信技术的高速率、大容量、低时延将通过万物互联，把智能感应、数据分析和深度学习的能力整合在一起，全面实现云时代的工业智能计算。

（6）区块链

区块链是比特币（BTC）的核心技术，它具有三大特性：去中心化、可溯源、不可篡改。5G通信技术的特性刚好与区块集成分布式的数据存储、点对点的数据传输，以及共识机制、加密算法等技术特性相契合。

当区块链被引入工业互联网后，可以带来以下优势。

① 去中心化：所有分布式账本随时保持同步状态，实现整个产业中上下游企业的互联互通，原有数据不互通的壁垒将被打破。

② 可溯源：在工业生产中产生的每笔交易都有据可查，企业、供应商以及客户可以在区块链上查看每一笔交易记录及进展。

③ 不可篡改：由于分布式账本上的记录不可删除或者更改，工业生产中的生产记录和交易记录得以真实保存，有效保证了各方权益。

举个例子，在工业零部件的市场上，通常很难根据零件的外观来区分备件和原装零件。如果低质量的零部件在市场上的比例越来越高，不但会损害制造商和经销商的品牌形象，也会带来生命财产安全隐患。将区块链用于零部件及其保修有助于跟踪假冒产品，区块链技术赋予原装零部件不可修改的数据流，帮助消费者确定生产消费过程中的每个细节。

（7）增材制造

增材制造（Additive Manufacturing，AM）又称3D打印。增材制造融合了计算机辅助设计、材料加工与成型技术，以数字模型文件为基础，通过软件与数控系统将专用的金属材料、非金属材料以及医用生物材料，按照挤压、烧结、熔融、光固化、喷射等方式逐层堆积，最终制造出实体物品。

目前看来，3D打印还停留在小规模制造，随着5G通信技术的发展，之后的3D打印必将会从终端用户入手，打造到OEM再到App开发者的完整生态系统。或许以后用户可以直接使用手机端应用自定义想要的产品，通过基于云的设备与供应链以及产线管理智能化地制造出自定义的产品，并完成线下交付。

早在2017年，斯旺西大学研究人员在5G和3D打印的基础上，完成了一项智能绷带的研发实验，通过为病患包扎3D打印的绷带，用5G无线传输和纳米级传感器来汇报用户的健康状况，医生可以根据伤口恢复和活动情况制定治疗计划。

在这个过程中，5G网络能够保证数据稳定且持续性地同步给医生，而智能绷带可以通过传感器向医生传递病患的体征信息，从而帮助医生根据不同病患的实际病情制定治疗方案。

（8）智慧能源

能源是工业4.0发展的基础，由于大数据中心和智能控制系统运行都需要电力等能源保障，因此智慧能源是工业4.0至关重要的基础条件。

5G通信技术可以让能源的生产分配更加智能，例如5G网络切片的特性可以改变传统电力业务运营方式和作业模式，为用户打造定制化的专网服务，更好地满足电网业务的灵活性需求，实现差异化服务保障。

（9）增强现实

增强现实（Augmented Reality）技术即AR技术，

是一种将虚拟信息与真实世界融合的技术，运用了多媒体、三维建模、智能交互、传感等技术，将计算机生成的文字、图像、三维模型、音乐、视频等信息进行模拟仿真后，应用到真实世界中。

具体到工业领域，AR 技术可以为工厂提供三维建模、场景融合等综合形式的信息，为改进决策和工作程序提供依据。

（10）纵向集成、横向集成、端到端集成

工业 4.0 要实现三类"集成"，即纵向集成、横向集成、端到端集成，从而实现工业领域各类系统的适配，打通系统和设备之间的信息数据。

纵向集成主要指的是企业内部的集成，解决信息孤岛，即信息网络与物理设备之间的联通问题，目标是实现全业务链集成，这也是智能制造的基础。

横向集成代表的是企业之间全产业链的集成，以供应链上下游之间的合作为主线，通过价值链以及信息网络的互联，推动企业间研产供销、经营管理与生产控制、业务与财务全流程的无缝衔接，从而实现产品开发、生产制造、经营管理等在不同企业间的信息共享和业务协同。

在横向集成方面，富士康很早就通过与供应链的协同作业，达到最大化降低库存、组织动态生产制造的目的。

富士康推出了工业互联网平台BEACON。BEACON由B（行业应用价值）、E（服务型制造）、A（智慧应用）、C（工业云和大数据）、O（智慧工厂）、N（工业互联网／智能装备）六大环节组成。富士康提出了"硬软整合、实虚结合"的建设宗旨，制定了BEACON未来发展战略规划——"云、移、物、大、智、网＋机器人"，即构建以云计算、移动终端、物联网、大数据、人工智能、高速网络和机器人为技术平台的"先进制造＋工业互联网"新生态，积极布局"人、机、料、法、环"的数字化和互联互通，实现各种制造数据的实时收集、整理、分析、呈现和可追溯，打通制造企业的"信息孤岛"，实现数据驱动企业生产和决策，实现企业内、外部各制造单元互联互通的工业互联网模式。

2019年，工业和信息化部印发《关于印发"5G＋工业互联网"512工程推进方案的通知》，明确表示，到 2022 年将突破一批面向工业互联网特定需求的 5G 关键技术。"512"工程，即完成 5 大类 12 项工业互联网重点工程，全力推动 5G 与工业互联网融合创新。在工业 4.0 中，5G 可以适用于智能工厂现场设备实时控制、远程维护及操控、工业高清图像处理等新场景，为远程生产、精准生产和共享生产等新模式奠定了基础，从而在我国升级工业 4.0 的大背景下，更好地将 5G+ 智能制造提到一个前所未有的新高度。

3.2
5G在智能工厂的主要应用场景

对于工业 4.0 来说，5G 网络的应用场景已经不局限于数据的连通性，而是在工厂的实际工作环境中实现更智能的自动化，其中最具代表性的场景就是智能工厂。

严格意义上说，智能工厂属于一种制造解决方案，它允许自适应和灵活的生产过程，能够解决边界条件快速变化的生产设施上出现的问题，从而减少不必要的资源和劳动力浪费。

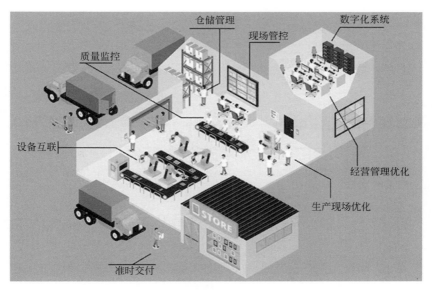

智能工厂示意图

在这个过程中，5G 通信技术能够使智能机器在某些情况下具有思考、记忆和自主解决问题的能力。同时，通过 5G 网络可以将生产设备无缝连接，进一步打通设计、采购、仓储、物流等环节，实现生产的扁平化、定制化、智能化。5G 在智能工厂中主要包括以下应用场景。

（1）物联网

在工业 4.0 中，5G 可以满足物联网应用的绝大部分连接需求，反过来，物联网的迅速发展又会让 5G 技术得到更大范围的应用，二者相辅相成、相互促进。

2020 年 10 月，青桔单车在北京完成搭载 NB-IoT 技术的单车路面运营测试。NB-IoT 具有低功耗、广覆盖、大连接的优势。随着 NB-IoT 纳入 5G 大连接，通过更多的演进和迭代，连接数量、连接速率、延时将进一步提升和优化。

NB-IoT 技术上线以来，青桔单车开锁成功率提升进 40%，运营区内车辆连接率保持 100%。通过 NB-IoT 技术的加持，可以大幅减少车辆失联情况，提升车辆管理效率，有效保障了车辆信息的互通。

青桔单车作为 NB-IoT 技术的千万级应用产品，通过每天数亿次的通信互联，推动 NB-IoT 产业链上下游的持续优化，使 NB-IoT 技术适应更多的场景。

（2）自动化控制

自动化控制是智能工厂中最基础的应用，它的核心是闭环控制系统。典型的闭环控制过程周期需要达到毫秒级别，对于系统通信的时延要求极高，如果要保证闭环控制系统的精准控制，甚至要求通信系统的时延在毫秒以下，如果时延过长，则有可能在数据同步时发生错误，导致自动化控制失败。

5G 技术可以为自动化控制系统提供低时延、高可靠、海量连接的网络，从理论上讲，5G 网络的空口延时可以做到 1ms，单小区下行速率达到 20Gbps，小区最大可支持 1000 万＋连接数，完全可以满足自动化控制对通信网络的需求，为智能工厂中自动化控制的实现提供高标准的保障。

（3）物流管理

DHL 在 2020 年发布的《下一代无线技术在物流中的应用》报告中提出，下一代无线技术将使通信革命更进一步，把每个人、每个物都连接到一个万物互联的新世界，而物流业将是物联网赋能的数字革命的受益者和推动者，有助于改善可视性、提高运营效率以及加速自动化。

根据 5G 技术目前在物流方面的应用，不仅在物流园区、物流设施等方面会有突破进展，也会在物流运输和智能道路方面发挥更重要的作用。以物流设施中 5G 发挥的作用为例，针对需要在短时间内完成部署的场景，5G 网络可以支持在短时间内调配物流资源进行建设。在 2020 年武汉火神山医院和雷神山医院的建设中，从设计方案到协调工程机械，有 5G 技术加持的工业互联网平台无缝调配来自 3000 多家公司的原料，分别用了 10 天和 12 天就完成了两所医院的建设工作。在这个过程中，超高速、大连接的 5G 网络成为实现物流建设和协调的重要因素。

（4）工业AR

工业 AR 也是工业 4.0 浪潮中各公司追逐的热点，在未来的智能工厂中，AR 设备将在设备、系统等的远程验收、审计、维护以及供应商管理、安全审查等方面发挥重要的作用。

例如通过 AR 设备进行远程协助，如果工作人员在现场遇到无法解决的设备问题，可以直接通过 AR 设备请专家进行远程协助，避免了停机所造成的大量经济损失，同时减少了沟通成本和专家的出差成本。

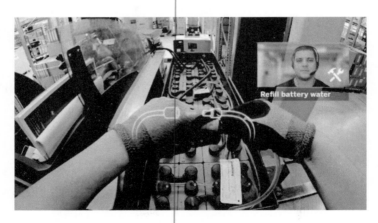

AR 运维

再例如 AR 运维，传统模式下，运维人员在进行机房巡检时需要人工查找、手抄检查记录，效率较低，出错率高。在 5G 支持的 AR 运维工作中，工作人员通过 AR 眼镜等设备对机房数据进行检测，不仅可以迅速获得全局数据，而且针对局部故障，AR 设备可以提供关于如何执行特定任务的指示，以最快的速度维修设备。

在这些场景中，大多要求网络的双向传输时延在 10ms 内，而这个时延要求是 4G LTE 网络无法满足的。

（5）云机器人

早在 2010 年，已经有了云机器人的概念，但受当时通信技术的限制，云机器人始终没有取得突破性的进展。一直到 5G 技术提上日程，云机器人才再一次迎来了新的发展契机。

云机器人在日常生活和工业生产中的使用场景非常丰富。以家用机器人为例，人们对于它的需求是自动打扫卫生、整理房间，但除去出厂预设的信息之外，云机器人能识别的物体是有限的，当它遇到无法识别的物体时，就需要借助网络进行"云识别"，利用云端索引产品信息，学习家里所有的物品信息。

这种借助通信网络完成机器人自主学习的概念就是"云"的核心理念。例如需要机器人完成某项复杂的制造工艺，它所面对的是原材料的无序，无加工流程。如果将所有机器人收集到的所有物体模型的数据存储在云端让所有机器人共享，发挥所有机器人的力量去深度学习这些物体的数据，每一个机器人对物体数据不断学习，并将数据学习结果反馈到云端，最终可以提高完成工艺的成功率。

在智能工厂的生产场景中，也需要云机器人基于"云"的核心理念进行自组织生产。通过 5G 网络将云机器人连接到云端的控制中心，并通过生产管理平台对生产制造过程进行实时运算控制。

由于将大量运算功能和数据存储功能转移到了云端，云机器人的硬件成本和功耗大大降低，同时 5G 的传输速率和低时延可以保证云机器人在作业生产时保持较高的灵活性。

2020 年第 22 届中国国际工业博览会上，中科新松展示了七轴协作机器人 SCR 系列、六轴协作机器人 GCR 系列，以及复合机器人 HCR 系列等多款可协作机器人产品，其中SCR5和HCR已经在智慧工业场景中得到了应用。

SCR5 的应用场景是搭载视觉的跟随抓取应用。两台 SCR5 联动，利用机器视觉定位，对流水线上移动的木块进行识别和分拣，除机器人本身 ±0.02mm 的重复定位精度外，视觉识别系统与运动物体的匹配与协调，使机器人在生产流水线上更快速、灵活、准确地抓取，降低了人工成本，提高了分拣的准确性。

HCR 复合机器人在满足 Class 100 的洁净度要求下实现了各工序上下游物料的衔接，具有极高的柔性，同时可配合 MES 系统实现生产过程的可视化和智能化，实现"黑灯"工厂，目前已在 3C 头部企业制造工厂中大批量投入使用。

综上所述，5G 技术已经成为支撑智能工厂的关键技术。在 5G 技术的支持下，原有工业生产中处于零散状态的人、机器和设备都可以由通信网络连接起来，帮助制造企业摆脱以往混乱应用的局面，对于推动工业互联网的实施以及智能制造的转型有着积极的意义。

2020 年，新冠疫情让 5G 和智能制造成为人们的关注点，AR、远程操作、视觉识别等相关技术在人脸识别测温和无接触操控等方面得到了广泛的应用，5G 在智能制造领域的应用也开始逐渐升温。

对于国内的工业发展而言，5G 技术上的领先能否帮助我国完成工业 4.0 的升级，是业界对于 5G 和工业 4.0 的关注焦点。

以爱立信南京工厂为例，爱立信早在 2017 年就逐步向市场推出了一些智能工厂的应用，截至 2021 年，5G 网络已经覆盖了一半生产区域，实现了十几个不同的应用场景的开发，包括 AR 远程专家指导 / 培训和质检、视频监控、无人机盘库、工控机、AGV 调度系统、环境监控、装配拧紧监控、机器视觉导引装配、智能线阵扫描和叉车信息化等。

（1）5G AGV调度系统

AGV 调度系统是整个 AGV 系统的核心部分，它承担处理搬运任务，分配车辆为不同的搬运任务选择最优路径，以及实现智能高效的交通管理等任务，可接受来自外部 I/O 或者上位系统（ERP、MES、WMS 等）的系统搬运任务。

爱立信南京工厂使用 5G 专网取代 Wi-Fi，大幅降低了掉线率，同时将 AGV 调度系统转移到边缘云，便于远程维修和升级，AGV 设备综合效率提升 5%。

（2）5G 无人机盘库

用传统方式盘点物料耗时耗力，出错率高。爱立信南京工厂采用小型 5G 无人机自动定期盘点物料，通过无人机上的摄像头扫描数据，经由 5G 网络自动回传生成报告，库存盘点效率提高了 50 倍以上。

（3）5G AR 质检

AR 在维护和检查场景中有很多用途。传统的质检工作需要依靠人工开展，工作量大，可靠性低，极容易出现疏漏。而基于 5G AR 设备的质检过程，则可以借助可穿戴设备实现质检工作标准化。目前常见的方案是将 CAD 数据或者 3D 数据载入 SDK 实现追踪，质检人员借助可穿戴设备可以很快找到生产场景中和 CAD 文件中的不同点。

除去在 5G 应用方面的开发，爱立信南京工厂也将传统的有线网络与办公 Wi-Fi 替换为 5G 专网，通过切片划分不同的网络环境，分别接入到 IoT 平台，并与海量设备相连接，显著提高了网络工作效率与灵活性。

根据爱立信评估，部署以 5G 为代表的工业 4.0 解决方案，五年平均能节省约 8.5% 的运营成本，而且随着应用的深入，效益还有望进一步提高。

AI为工业4.0提供智慧大脑

自动化和机器人技术为工业 4.0 提供了实际操作的工具，R 数据则为工业 4.0 提供了操作指南，但是在整个工业 4.0 革命中，真正可以称之为智慧大脑的部分，只能是 AI（人工智能）技术。

在 5G 时代之前，由于高速网络通道和大型数据存储的技术限制，人工智能始终处于发展的初试阶段，而随着大型数据中心和 5G 网络的使用，从中小型公司到大型跨国公司，每个组织都具备使用算法挖掘和评估数据的能力，并根据业务需求推导出解决方案。

对于工业 4.0 而言，高质量的网络连接至关重要，在海量的数据传输和设备运行中，需要有足够稳定的无线网络将生产设备和收集数据的云服务器连接起来，加上工厂所处的生产环境可能会存在各种电磁信号干扰，因此对通信网络提出了更高的要求，原有的 4G 网络虽然已经满足了当下工业生产的大部分需求，但随着人工智能应用的不断落地，低网络延时倒逼 5G 网络进入实际生产环境。

目前，国内的工业互联网正在电信运营商的助力下，形成一个多方参与、共生共赢的生态环境，中国移动、中国电信等通信运营商作为 5G 通信网络的牵头人和工业 4.0 的重要参与者，正协同产业合作伙伴，为工业 4.0 的不断发展创造良好条件。

中国家用电器协会相关人员表示，以单品智能为特征

的 1.0 时代已经过去，实现智能家居场景化是未来产业升级和企业突围的关键。

与此同时，国内的家电巨头也早已在 5G 战场上抢先布局，争先占领 5G 技术给制造业带来的新机会。

以海尔为例，海尔通过 5G 技术与场景体验的深度融合，在 2020 年 GSMA "5G + 智能制造主题研讨会"分论坛上，展示了"5G + 智能"智慧园区的使用场景，包括智慧物流、无人驾驶、视觉分析等应用。以智慧物流为例，基于 5G + 智能识别的"无人夹抱车"，能够智能规划路径、装卸货物，可以将流水线上下来的洗衣机自动码放、夹抱至预定区域，相比人工效率提升 30%、错误率降低 95%、事故率降低 98%。

以美的为例，从 2019 年开始，美的开始以传统网络架构为主体，验证 5G+ 工业互联网的应用，由点到线，涉足了 5G+ 智能制造、5G+ 机器设备等多个领域，建成 11 个应用场景，实现数据采集、算法训练、数据建模、生产反馈的业务数字化，大大提高了生产的效率。

美的还通过多场景实践探索出工业互联网 +5G+AI 在安全生产、柔性智造、智慧物流等方面的应用，有效降低生产成本和维护成本，降低产线自检成本，综合可运维效率提升 17%，成本降低 10%。

以海尔、美的为代表的国内生产厂商都在不遗余力地推动与通信运营商的网络部署合作，带动上下游企业探索工业 4.0 的系统升级和创新，发挥人工智能在工业制造中的优势，完成智能制造的升级改造。

第 **4** 章

5G时代的智慧教育——物智能，人智慧

4.1
虚拟现实给教育插上翅膀

　　虚拟现实（Virtual Reality，VR），顾名思义，就是虚拟和现实相互结合的一项技术，在现实生活数据的基础上，将数字信号转化为人们能够感受到的现象，在医疗、教育、工业、娱乐、建筑等行业都有广泛的应用。

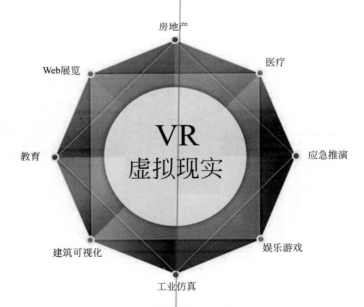

虚拟现实应用行业

在教育领域，VR 可以利用计算机和网络技术生成模拟环境，通过结合各种输出设备，将教育素材转化为人们在虚拟环境中感受到的现象，这些现象在现实中不一定可以直接看到，因此虚拟现实教育可以呈现超乎想象的教学情景，让教学过程变得更加生动。针对传统课堂中师生之间互动不足的情况，教育 +VR 允许学生在虚拟环境中学习知识，让学生注意力更集中，从而获得沉浸式的学习体验。

一般来说，虚拟现实具备以下三个特征。

（1）沉浸感（immersion）

沉浸感是指参与者对虚拟现实的融入程度，即参与者全身心地沉浸于 VR 所生成的三维虚拟环境，产生身临其境的感觉。

沉浸感来源于对虚拟世界的多感知性，如视觉感知、听觉感知、力觉感知、味觉感知、嗅觉感知和身体感觉等，例如学生通过 VR 系统学习小学语文课文《火车的故事》，就像是亲自乘坐火车一样，可以观看修建青藏铁路时的场景，也可以听到风声和火车轰鸣声。

（2）交互性（interaction）

交互性是指参与者可以利用各种感官功能及人类自然技能与虚拟环境进行交互考察及操作，比如通过走动、头的转动、手的移动等方式与虚拟现实系统交互，并借助于虚拟现实系统中特殊的硬件设备产生真实世界中一样的感知。例如学生可以用手直接抓取虚拟世界中的物体，手可以感觉到物体的重量，能区分所抓取的是什么物体，并且被抓取的物体可以随手的运动而运动。

（3）构想性（imagination）

构想性是指参与者借助虚拟现实系统给出的逼真视听触觉信号而产生的对虚拟空间的想象，可以突破时间与空间去体验世界上早已发生或尚未发生的事件，也可以借助 VR 系统进入宏观或微观世界进行研究和探索。这一特性对于生物、历史等科目的教学非常具有启发性。例如学生可以通过 VR 系统进入细胞等微观世界中，近距离地观察细胞的内部结构。

基于虚拟现实的这三个特性，VR 系统有助于教师通过虚拟现实的方式传授知识，提高知识教授和获取的效率，并增强学生的认知和理解。为了达到 VR 的教学效果，需要 5G 低时延的特性满足 VR 系统对数据传输的需求，以及高带宽和高速率实现 VR 系统中大量数据的传输、存储和计算。

实际使用中，学生们通过佩戴 VR 设备，在预先设置的 VR 场景中可以获得身临其境的体验，一方面可以与教师形成更加频繁有趣的互动，另一方面也可以打破传统课堂的封闭学习体验，解决如下传统课堂教学的痛点：

① 知识点比较抽象，无法用直观的方式解释清楚；

② 部分科目使用沉浸式教育效率更高，如诗词学习、英语学习等；

③ 部分课程内容较枯燥，无法激发学生主动学习的动力。

对于一些有一定危险、单次训练成本较高、需要在微观 / 宏观条件下进行的技能训练，虚拟现实一样可以达到事半功倍的效果。

2019 年 5 月 19 日，苏州大学与中国电信苏州分公司签约共建 5G 校园，基于 5G 及 VR/AR 技术打造的 360 智慧教室揭牌投入使用。

在苏州大学临床医学专业的教学课堂上，利用 VR 技术带来的沉浸式、交互式的学习体验，为学生们打造出高度仿真、沉浸式、可交互的虚拟学习场景，使学生能够身临其境地观察到医生在手术中的每一个细节，从而提升学生的学习兴趣，激发其创新思维，真正实现了物理空间无死角、知识体系无断档、教育活动无延迟、师生互动无间隙、虚拟现实无界限。

VR 教学示意图

VR 学习现场图

　　针对上述教学痛点，虚拟现实和 5G 技术主要通过教学媒介、教学内容和师生互动的沉浸化，达到不同于传统课堂的教学效果。

（1）教学媒介沉浸化

　　5G 技术和 VR 的结合直接促成的是教学媒介的沉浸化。在 5G 之前，由于移动通信和互联网传输速率不够高、时延不够低、容量不够大、移动性不够强等技术瓶颈，虚拟现实的用户体验不够理想，卡顿、延时、清晰度不够等问题导致用户没有兴趣参与到 VR 教育中，上下游厂商也不愿意在教育的 VR 素材上投入成本。

5G 的技术优势已经很大程度上解决了虚拟现实的用户体验问题，为英语、生物、历史等学科教学提供了新的教学媒介与教学空间。

（2）教学内容沉浸化

5G 与 VR 的结合将促使教学内容突破真实世界的时空限制，使得古往今来的所有学习素材都可以呈现在眼前，天涯海角的学习场景都可以创造出来。

以英语学习为例，在 5G 之前，英语学习可以实现的是在线教学、网络直播等形式的学习方式，虽然有一定程度上的师生交互，但尚不足以达到真实外教课堂的学习效果。

而 5G+VR 教学可以直接为师生创造一个虚拟的英语学习世界，为学生创造接近真实的语言学习环境。在相关教学素材的支持下，学生可以足不出户体验英语的学习环境和生活环境，即使没有外籍教师，也可以由 VR 创造出虚拟的外教参与到教学过程中。

（3）师生互动沉浸化

传统教学中，如果要达到良好的师生互动效果，教师需要提供大量引发学生兴趣的材料，运用可以吸引学生注意力的方法，创造学生全身心投入的教学情境。但这个过程的实现相对困难，且需要消耗教师大量的时间和精力。

但是在 5G+VR 的帮助下，只要有素材提供商提供 VR 所需的教学素材、教学工具，教师就可以借助 VR 设备建设教学场景，并在 VR 场景中与学生进行更加容易沟通的互动教学。

总而言之，5G 与 VR 技术的结合，给教师利用 VR 技术更加生动地呈现教学内容创造了条件。在不具备教学素材和环境的时候，VR 技术可以帮助教师和学生营造出虚拟现实的教学素材和环境，增强学习的趣味性，提高学生学习的主观能动性，优化教学效果，提高教学质量。

4.2
5G远程教学抹平数字鸿沟

远程教学作为智慧校园的一部分，已经不是一个陌生的概念。一般而言，远程教学的数据获取主要依托校园的有线宽带网络和无线 Wi-Fi 网络，通过专业设备进行远程直播和录播。

随着 5G 时代的到来，远程教学的形态也发生了相应的改变。结合 5G 网络的边缘云、网络切片和 AI 技术，学校和教室不再需要部署多种网络，可以由统一的 5G 网络承载。5G 网络的大带宽和低时延特性可以保证远程教学过程中教学设备的交互显示、信号传输及处理流畅，听课端可以毫无延时地体验高清的远程教学。

一般来说，5G 技术与远程教学的结合可以分为双师课堂、全息课堂和 VR 课堂。根据不同地区在远程教学方面的需求，这三种方案在一定程度上都可以缓解教育发展不均衡的状况。

这一节主要阐述 5G 网络同双师课堂和全息课堂的融合方式，以及 5G+ 远程教育如何抹平不同区域之间的教育水平鸿沟。

（1）5G + 双师课堂

5G 之前，双师课堂在部分地区得到了应用，但并没有得到普及推广。原因之一就是远程教学过程中出现的带宽不足、传输延时、稳定性差等问题导致参与双师课堂的师生无法实现双向实时互动，双师课堂变成单向的教师教学，学习效果相对较差，也无法得到教育主管部门的认可。

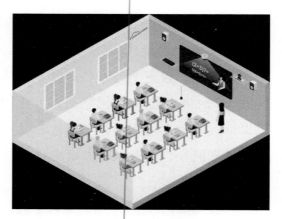

双师课堂示意图

　　而 5G 技术的正式推广首先就解决了双师课堂中带宽和时延的问题，让教育资源匮乏的地区可以通过双师课堂教育系统享受一线城市名校名师的线上教学，最大化地实现资源利用，提高学生的学习效果，缓解教育资源分布不均衡的问题。

　　相比以往的有线网络及 Wi-Fi 环境，5G 时代的双师课堂具备以下优势。

　　① 场地不受限制，课程安排更加灵活。

　　以往双师课堂的开展往往需要专门的教师和专线进行支持，而 5G 无线网络可以随时支持教学场地的更换，使课程安排的灵活性更强，对于中小学阶段排课密集的年级有更多的应用场景。

　　② 建设成本较低，不受专线限制。

　　用 5G 网络代替传统的有线传输，只需要在教学终端中加装 5G 通信模块，就可以开展远程教学，而不用受专线的约束。

③ 解决传统双师课堂的传输质量问题。

5G 之前的双师课堂最大的问题就在于传输速率不够引起的播放卡顿或音视频不同步现象。在 5G 介入双师课堂之后，这个问题可以得到极大改善。

为打破城乡教育资源分布不平衡的困局，让中小学学生共享公平教育发展机会，2019 年 11 月 12 日，北京人大附中、北京航空航天大学与江西兴国中学共同开展了一节以"解读脑语 脑－机接口技术初探"为主题的双师课堂。

本次双师课堂教学以 5G 网络为基础，以云视讯音视频实时交互系统为核心，融合了人工智能技术、全息技术等元素。在人大附中的主讲课堂上，通过云视讯双师课堂的优质软、硬件系统，将高清的课堂画面和高质保真的声音实时传送至江西兴国中学和北航课堂，实现了"三地共上一节课"。

在 5G 技术的支持下，云视讯双师课堂可以为音视频交流提供高速稳定的传输路径，真正实现了课程实时同步。人大附中会场的视频和音频设备将高清稳定的视频画面和高质量的音频同步传输到江西兴国中学和北京航空航天大学的课堂上，江西兴国中学的同学们与远在北京的同学们进行了实时互动。

（2）5G＋全息课堂

全息课堂也可以归为远程教育的一类，它是以全息投影的方式，采集讲课教室影像信息，呈现远端学生听课情况并实时互动，主要包括授课区和听课教室两个部分。在听课教室部署全息讲台，就可以将授课区的教师影像及课件内容通过裸眼 3D 的效果呈现在听课教室的学生面前，实现自然式交互远程教学。

5G 之前，不同地区的学校之间也曾进行过全息课堂的尝试，但原有的全息课堂方案普遍存在着建设周期长、使用灵活性差等问题，往往只用于教学示范课，尚未进行大规模的推广。

而 5G 的高带宽、低时延、高可靠等特性则有针对性地解决了上述问题，让需要大带宽的音视频流可以实现低时延传播，保证全息课堂在授课内容和课堂互动上的无延时。

2021 年 3 月，贵州遵义五中和上海卢湾高级中学开展了一次 5G 全息的思政互动课——《在历史的紧要关头——信仰与使命》。两地学生通过现代通信技术手段上课互动，整合两地优质红色教育资源，立体呈现了中共一大会址、遵义会议会址等场景，借助采集设备录制学生课前探究分享成果，让学生感受全新的教学方式。

此次互动课使用了中国联通打造的 5G+ 全息技术的未来智慧授课方案，通过多种形式的全息技术呈现教育资源，将其以更生动、鲜活的方式展现在学生面前，推动了技术与教育的融合。

① 授课区　授课区主要用来采集一线名师的授课音视频数据，与标准的电影摄影棚比较类似，教师可在授课区内观察听课教室中学生的听课状态，并进行实时互动。

② 全息听课教室　作为全息课堂的主要组成部分，全息讲台是部署在听课教室的，通过全息屏幕将授课区的教师影像数据呈现为裸眼 3D 的投影效果，让学生可以身临其境地感受教师授课过程，好似远方的教师就在身边一样。

同时，在听课教室配备高清摄像机及麦克风，可以将课堂上学生的情况实时传送到授课教师端，授课教室可以根据学生实际学习情况进行提问互动，与真实的授课场景几乎没有差别。

全息课堂不仅可以实现点对点的远程教学，还可以实现一对多的教学，充分实现优质教学资源跨区域的实时共享，改善不同区域之间教育资源不平衡的局面。

（3）VR/AR课堂

远程教学中，学生只要戴上基于5G网络的新型VR/AR眼镜，就能在支持VR/AR的教室里观看教学直播，VR/AR眼镜识别内容通过5G网络回传，与服务器上的3D模型内容相结合，输出到学生的VR/AR眼镜进行增强呈现，从而使学生走进虚拟世界。

授课端的教师不仅可以了解所在课堂学生的情况，还可以兼顾摄像头另一端学生的情况，一切都像发生在一间教室里，即便与异地的学生互动，也像是与身边的学生互动一样。

相比于以往的VR/AR教学方案，在5G网络支持下的远程VR/AR课堂主要具有以下三个优点：

① 解决了之前网络传输速率不足导致的延时问题；

② 有线网络不再是必选项，摆脱了线缆的束缚，使用场景更加灵活；

③ 教学内容可实现云化，数据可以通过云端上传下载，实现本地设备的便捷化。

随着5G网络的不断覆盖以及师资力量的集中化，远程教育将成为部分教育不发达地区开展优质教育的重要方式，借助 5G 网络的力量实现教育资源的均衡化。

由于人口分布不均衡，一线城市和省会城市的教育资源往往比较集中，而在一些偏远地区，教师的数量和质量都远远不够。汇聚优质教育资源的城市往往可以有更高的升学率，而教育资源较差的城市往往面临着升学率低的问题。

为了改善教育资源不均衡的现象，寄希望于教师资源的大规模流动在目前尚不具备条件，但是 5G 网络的使用可以彻底颠覆传统的教学模式，教师不一定必须出现在教室中，学生也不一定必须在短短的 45 分钟内接受知识。

对于教育资源较少的地区，可以通过远程教学，由优秀教师通过直播或者更加先进的 VR/AR 课堂，在教育主管部门的统一管理下，实现整个区域的课堂去中心化，让所有学生在教师资源不充足的情况下，借助科技的力量实现教育均衡化。

4.3
未来的智慧校园不可想象

5G 之前，智慧校园一直未能实现大规模的推广，虽然也具备了考勤系统、校园办公系统、安全监控系统，但对于数据的采集和实时分析、智能调度等，由于 4G 网络技术本身的限制，在之前是较难实现的。

而在 5G+ 教育中，智慧校园已经成为一个主体，远程教学、虚拟课堂等都可以作为智慧校园的有机组成部分，正因如此，智慧校园承载了大家对于 5G+ 教育的期待和想象空间。

那么智慧校园与传统校园有什么不同呢？

举个例子，在新冠疫情期间，为了在复学复课过程中保证学生的健康安全，各学校都需要监测学生的体温数据并进行统计。

在传统的校园生活中，这项工作可能会比较烦琐，由教师或校方管理人员对学生逐一测量体温并记录，会消耗大量的时间。但是在智慧校园场景下，这个过程就会变得非常简单。

学生到校门口的时候，就会有人脸识别系统和测温系统对其进行检测，人脸识别系统将学生的到离校信息同步给家长，测温系统则将学生的体温数据同步给学校管理部门，实现学生校园安全和健康安全的同步管理。

"无感考勤 + 体温监测"仅仅是智慧校园中一个基本的使用场景，除此之外，智慧校园还包括智慧班牌、智慧书包、智慧储物柜、智慧图书馆等多项功能。

（1）智慧班牌

　　智慧班牌几乎已经成为智慧校园的标配之一，不仅可以实时展现学校新闻和班级情况，学生还可以通过点击智慧班牌的对应模块查看课程表、班级风采、校园通知等。

（2）智慧书包

　　智慧书包泛指 Pad、上网本、电子阅读器等学习设备，将书包里的教材、作业本、字典等数字化后，整合在智能终端中。在学校上课时，学生可以在上面直接提交作业和回答教师提出的问题；回到家之后，也可以通过智慧书包和老师进行远程互动，向老师提交作业，老师可以即时在线批阅。

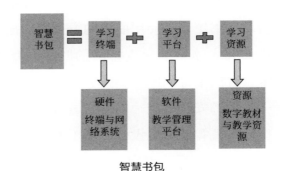

智慧书包

（3）智慧储物柜

　　智慧储物柜是为减轻学生书包重量而出现的，在学校中设立智慧储物柜（通过电子学生证、指纹、人脸等方式开关），可以减轻学生上下学途中书包的重量，一些不常用的物品也可以寄存在智慧储物柜中，方便学生随时使用。

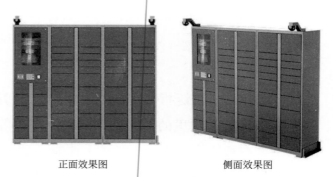

正面效果图　　　　　　　侧面效果图

智慧储物柜示意图

（4）智慧图书馆

相对于传统的图书馆出入管理和借阅管理，校园智慧图书馆直接使用刷脸的方式完成出入馆的登记工作，大大缩短了学生排队的时间，有效解决了忘带卡、冒用卡等问题，加强了学生进出时间及身份记录等方面的安全管控。同时，通过在校园图书馆的各个区域设置智能摄像设备，基于人脸识别技术对学生脸部特征进行跟踪识别，可实现图书馆的人流量管理、区域权限管理、数据统计信息管理、在场时长管理、借阅信息管理、限流管理等多种功能。

智慧校园功能的实现离不开 5G 专线、物联网、多媒体、网络智能化等技术，在 5G 网络高速率、低时延、低功耗和万物互联的特性基础上，学生可以借助各种智慧校园产品，在校内随时随地进行网络学习，而教师可以借助低时延的 5G 网络环境实现快速的教学管理和学生管理。

（1）物联网与环境感知

智慧校园产品中，智慧班牌、电子学生证等产品是基于物联网的信息处理的。一般来说，物联网的感知技术包括射频识别 (Radio Frequency Identification)、红外感应、视频监控、GPS 定位等。在环境感知的基础上，物联网在教学科研、校园生活、节能安保等方面都发挥了很重要的作用，如无感考勤系统、电子学生证定位、图书馆借阅等。

与之前的校园信息化不同，物联网实现了校园内人与物、物与物之间的智能识别、定位、跟踪和管理，让原本与人无法产生信息交流的物有了体现自身数据价值的机会，也让智慧校园成为一个有机整体，各类设备在其中可以实现联动和协同，为教师和学生的学习生活带来更多便捷。

（2）校园服务与应用

目前我国的智慧校园应用主要集中在校园管理、生活服务等方面。其中校园管理方面主要包括以下三个方面。

① 考勤管理　学校可以对师生进行课堂考勤、晨午检考勤、进出校考勤管理，通过教学时间、自定义考勤时段、考勤范围等设置，以智慧班牌、校门道闸、通道考勤机、门禁设备、人脸识别、蓝牙基站、电子手环、电子校徽等一种或多种方式实现精准考勤，可以通过 App 或短信形式向教师推送考勤人出勤提醒，对考勤人、考勤时间及出勤情况进行查询，并按时间段对学生进行考勤统计，例如周考勤、月考勤等，以方便学校对考勤数据进行汇总。在 5G 智慧应用的基础上实现自动化、智能化、无感化考勤功能，提高考勤效率和正确率。

② 交接班管理　通过智慧班牌等方式可以实现交接班管理的信息化、智能化，提高值班人员换班的时效性和准确性。在交接班过程中，智慧班牌实时展示学校各岗位当值人员的信息，明确岗位职责，使当值人员信息、物品和事件更加清晰明了。值班人员可通过刷卡完成交班工作，系统会自动统计和输出各类交接班报表，方便查询或追溯。

③ 安保维修　安保维修为学校工作人员、师生提供实时安保服务，为学校办公室、会议室、班级、宿舍等场所提供设备报修、清洁服务、灯泡更换、桶装水配送等服务。师生可随时随地发布维修工单的信

息，自动推送给负责人，让学校后勤部门及相关人员及时收到，方便工时评估并做出快速处理。

生活服务方面主要包括以下两个方面。

① 智慧健康　学校老师可以通过智能终端和数字健康系统便捷地综合登记学生的晨午检信息和请假情况，可备注具体的情况和病症病因等。晨检系统可与疾控中心对接，一键上报病例，自动生成告警信息，同时可以根据大数据系统对学生的身高、体重、五官及内脏体检信息进行统计分析，自动甄别、处理数据，生成学生达标情况体检报告，及时掌握学生的健康状况。学校管理员或体育老师，根据每学期学生的体能测试情况，快速导入学生的体测信息，系统自动根据《国家学生体质健康标准》以及学校的体测标准，通过大数据计算，生成学生的体能分数信息，方便家长、老师、学生随时查看。

② 智慧膳食　通过智慧膳食系统，学校老师或食堂管理人员可发布今日食谱、本周食谱，包括菜式、套餐等，然后将食谱信息同步展示在学校的公共区域和班级的食谱栏目上，供学生自由选择。另外，食谱发布可根据学校不同的年级、不同的食堂、不同的窗口或早餐、午餐等进行特定展示。智慧膳食系统除了可展示基本菜品，还可结合学生个人成长档案中的健康体检情况，根据食物的热量等推荐

对应的食谱菜单，以供学生自由选择，养成健康饮食的良好习惯。

（3）云平台与教育资源

2020 年，教育部印发《2020 年教育信息化和网络安全工作要点》，指出"深入实施教育信息化 2.0 行动计划，科学规划推动教育专网建设，完善国家数字教育资源公共服务体系，启动国家中小学生网络学习平台建设，网络学习空间应用不断普及深入，师生信息素养持续提升"。

在中小学生网络学习平台的建设中，主要解决的就是学校资源的整理、共享、升级等问题，通过教育资源与云平台的融合，加快不同区域之间的教育资源共享，促进教育资源均衡发展；为教师获取教学资讯、教育资源和展示个人成果提供在线平台，包括全学科、系统化的精品教学资源库，同步教学大纲，轻松引用，极大地提高教与学的效率；师生均可根据实际需求，快速地获取课堂资源、电子教材等各类学习资源。主要包括以下内容。

① 教学设计　教师可选择符合本学科的教学设计模板，灵活设计各个章节课程中的教学环节，从云平台选择文字、图片、附件、表情、音频、视频等多种形式组成教学设计。教学设计可设置公开范围，支持公开、私密和部分人可见三种方式，同时为教师提供

不同的教学设计，支持对同一个教学设计的不同教学环节进行讨论与评价。

② 课件　云平台可为数字化教学提供标准的课程资源和大纲课件，可通过图片、附件、表情、音频、视频等多种形式组成课件，通过资源、课件的转发和评价等功能，为教师实现翻转课堂、同步课堂、直播课堂等创新教学方式提供资源支持。

③ 习题　云平台可支持客观题系统，可自动完成批改，主观题由教师手动批改，包括单选题、多选题、填空题、解答题、判断题、综合题、连线题、文字排序题、图片排序题等多种题型。教师可按题批改学生提交的内容，查看单题的正确率及选择分布，查看单个学生的正确率及班级平均正确率等情况。

④ 视频　云平台可支持新建、查看和转发视频内容。教师可以从云平台选择视频内容后，在视频的基础上插入文字、图片、附件、表情、音频，并在完成编辑后同步给学生。

⑤ 微课　教师可通过云平台新建、查看和转发微课资源，支持插入文字、图片、附件、表情，方便学生随时收看学习。

⑥ 学科评价　教师和学生可根据学科、班级完成学科评价工作，通过学科评价，可有效掌握学生各个学科的学习情况。

⑦ 课程评价　教师、家长和学生可通过云平台进行课程评价，通过表情评分和星级评分等方式评价科目，让教师更加清晰地了解课程的教学情况，辅助教师提升教学效果。

⑧ 数字教材　云平台为教育部门、资源提供商和学校各个分散的教学资源提供综合管理服务及高效的资源管理平台，从而实现学校资源的共建共享，为翻转课堂、同步课堂等创新的教学方法提供更好的工具。

基于 5G 云平台"虚拟化、按需分配和易扩展"的特点可以更大程度提高教育资源的使用效率，避免不同区域的学校在没有沟通的情况下形成重复建设。

2021 年，江西联通规划建设的江西师范大学附属中学 5G 智慧校园入选教育部 2020 年度教育信息化教学应用实践共同体项目。江西师范大学附属中学 5G 智慧校园是基于新一代宽带无线移动通信网的智慧校园，通过 5G、物联网、AI 人脸识别、云计算等先进技术的融合，实现了对学校中人、物的全方位感知与管理，极大地提高了师生教学效率，助力学校信息化水平迈上新台阶。通过创造性使用 AI 人脸识别技术与先进的在线支付手段，打造智慧食堂，便捷师生生活。采用 5G 技术实现 4K 高清同步互动课堂、AR/VR 教学、全息课堂等内容实时传送，验证优质教育资源向偏远地区输出的可靠方式，实现零距离、沉浸式"同上一堂课"，为解决教育资源不均衡问题提供新的途径。

从江西师范大学附属中学 5G 智慧校园的案例可以看出，目前的智慧校园案例已经综合了 5G、物联网、人工智能、云计算等多项技术，而且随着人们对于智慧校园需求的增长，以 5G 网络为基础的各项先进技术会以更科学的方式满足智慧校园的场景需求，形成跨网络、跨平台、跨应用的综合解决方案。

微软HoloLens混合现实联姻智能教育

2015 年 1 月，微软公司发布了第一代 HoloLens 增强现实产品，包含一个中央处理单元（CPU），一个定制设计的全息处理单元（HPU），以及各种类型的传感器、光学透镜等。

通过 HoloLens 设备，用户可以通过手势、声音和眼睛凝视等交互方式与虚拟世界中的形象进行互动。

HoloLens

HoloLens 在面世之后，很快就被一些行业所采纳、融合。比如国内将 HoloLens 应用于实际的轮机专业教学，用户可以通过 HoloLens 系统添加船舶辅机设备三维模型，不需要借助任何输入设备，用手势即可完成拆装操作，大大提高了轮机专业教学的效率。

虽然 HoloLens 在教育实践中已有一定的探索，但还是存在技术门槛高、开发难度大的问题，所以更多应用在军事行业和医疗行业。

2021 年 4 月 1 日，微软正式宣布签下美国陆军的增强现实设备合同。据悉，该合同总金额达 218.8 亿美元，微软将在 10 年内为美国陆军生产 12 万套 HoloLens 增强现实 (AR) 头盔。HoloLens 设备能让美军士兵通过全息影像

掌握周边的情况，加强传递和分享信息决策，提升士兵对环境的警觉性。

近年来，HoloLens 在中国市场的应用十分广泛。2018 年，联想煦象就综合利用 HoloLens 技术、Azure 云服务和 Office 365 打造了面向教育行业的解决方案，发布了"大象创新教室"，并在上海清华中学应用。

随着 5G 网络的不断推进，HoloLens 在教育行业的优势更加明显地体现出来了。

（1）不受线缆限制，灵活性强

HoloLens 是一款不受线缆限制的智能设备，用户可以根据实际情况将其调整到适宜的位置，即使自身戴着眼镜，也不会受到任何干扰。而且 HoloLens 本身采用了非封闭式结构，用户在佩戴时不会有沉闷的厚重感，在移动过程中不必担心受到障碍物的磕绊，与周围环境的沟通更加流畅，这种流畅的体验可以支持一些互动即时性要求较高的应用场合。

例如在微软官方的 Fragments 应用中，用户可以扮演一名侦探，使用先进的工具侦破案件，用户需要通过与全息物体进行交互从而推进剧情的发展，此时用户需要在使用 HoloLens 的过程中更加顺畅地与周围环境进行沟通，而有线设备明显无法满足此类应用的要求。

（2）低时延，避免卡顿

如果虚拟世界出现卡顿，会让用户的体验感变得非常

差。HoloLens 先通过扫描检测周围环境，并在扫描结果的基础上构建虚拟世界，令生成的全息图像和所处环境协调地融合在一起。由于低时延的特性，用户几乎感受不到虚拟世界和现实世界的差别。

这一点在音乐教育上体现得极为明显。例如传统的音乐课都是由教师通过外放设备为学生播放音乐，学生被动地接受外放设备所传达的声音信号。而 HoloLens 可以让学生置身于全息交响乐团当中，在此过程中，学生还可以与交响乐团进行互动，比如只要走近钢琴师，钢琴部分会变得更清晰，这对于每个参与音乐鉴赏课的学生而言，都是一次私人授课。

（3）交互方式丰富，贴近用户习惯

HoloLens 主要通过手势、声音与凝视三种方式实现用户在虚拟世界中的交互。

① 手势　手势是最符合人们日常习惯的交互方式，用户只需将手抬到相应位置，根据眼前的提示进行操作即可。这种交互方式方便易行，与用户在现实世界中的习惯保持一致。目前，HoloLens 可识别的手势包括抓取、旋转、移动等。

② 声音　声音是用户在虚拟世界中最想使用的互动方式之一，但在市面上的诸多虚拟设备上，声音与虚拟世界的交互还不太成熟，目前 HoloLens 可以满足用户通过语音进行导航、控制应用等的需求，由于个人发音的问题，可能存在部分误差，但对于日常教学而言，已经算是一个

很大的进步了。

③ 凝视　HoloLens 的传感器支持凝视功能，也就是用户视野中的光标可以跟随转动的头部去选择某个按钮或画面，从而进行对应的操作。在微软官方的 Galaxy Explorer 应用中，学生可以借助 HoloLens 近距离观察银河系、太阳系，学生可以通过手势对行星模型进行旋转、平移和放缩，比传统教学中使用鼠标进行旋转、缩放等操作更加方便快捷。同时，用户还可以通过凝视、语音等操作，调动学习者的兴趣，提高用户的学习效果。

HoloLens 在有些学科的教育上更有成效，在智慧教育的不断实践中，也取得了一定的成果。例如在教学方面的实践主要集中于数学、地理、化学等学科；在非教学领域主要集中在职业培训等方面，帮助特定职业学习人员提高专业技能。接下来，我们来看一下 HoloLens 在教学方面所取得的一些成果。

（1）数学

数学中的几何是较为抽象的学习内容之一，在传统课堂的授课方式中，多由教师在黑板平面上绘制立体图形帮助学生理解。市面上也有部分白板软件，可以由教师操作鼠标进行立体图形的拆解。

但是由于立体图形本身过于抽象，学生很难借助传统的授课方式理解知识，这就造成了部分学生学习几何时的畏难情绪。但是借助 HoloLens 设备，学生不仅可以从多个角度更全面直观地观察几何图形，还可以与虚拟的立体

图像进行交互，促进对于知识的理解。

（2）地理

地理因为不贴近学生的日常生活，例如地貌、星系等，学生无法直观地观察到这些现象的存在。但通过 HoloLens 设备，学生可以真切地观察到各种星系的构造，并通过手势和凝视与星系进行互动，加深学习印象。

（3）化学

传统学习中，元素周期表一般靠死记硬背来学习，学生只知字面意思，而不知道这些元素背后的相互关联和作用。而 HoloLens 将元素周期表中各元素可视化，学生不仅可以和单个元素进行互动，还可以将不同的元素进行组合，观察元素组合之后的效果，为之后学习化学反应奠定基础。

HoloLens 作为微软首款可以适用于多个场景的全息智能设备，单个售价高达 3500 美元，这个价格对于大部分学校和学生来说是比较昂贵的。但是通过 HoloLens 设备，我们得以一窥混合现实和智能教育之间擦出的火花，并期待市场上可以出现更多类似的设备，帮助解决实际教学中出现的各种问题。

5G时代的城市交通——从工具到服务的转变

5.1
5G车联网有哪些应用场景

按照中国信通院对车联网的定义，车联网（Internet of Vehicles，IoV）是借助新一代信息和通信技术，实现车内、车与车、车与路、车与人、车与服务平台的全方位网络连接，提升汽车智能化水平和自动驾驶能力，构建汽车和交通服务新业态，从而提高交通效率，改善汽车驾乘感受，为用户提供智能、舒适、安全、节能、高效的综合服务。

◆ 车辆信息的获取

◆ 车辆信息的分发和加工

◆ 车辆获得外部综合信息

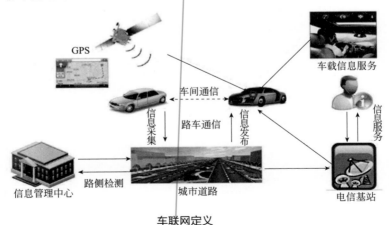

车联网定义

从这个意义上说，车联网属于物联网的一种，是由车辆位置、速度和路线等信息构成的巨大交互网络，具备物联网的所有特征。但与此同时，车联网又不仅仅是车与车之间的连接，而是将车与行人、车与路、车与基础设施、车与云端都连接在了一起，通过对汽车、行人和路况的数据收集和分析处理，车联网自动做出相应的反馈和行为，实现出行智能化。

车联网的通信模式可以分成以下四类，统称为V2X：

· V2V（汽车与汽车之间的通信）；

· V2P（汽车跟行人之间的通信）；

· V2I（汽车跟路、云、红绿灯、停车场之间的通信）；

· V2N（汽车与网络之间的通信）。

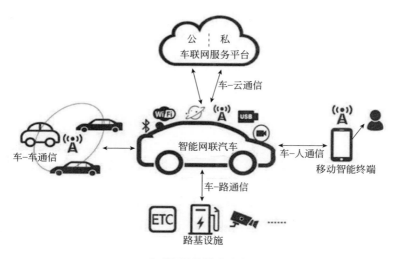

车联网通信模式分类

在 5G 之前，V2X 模式是很难实现的。由于车联网要基于实时的数据传输、分析和反馈，在车与人、车与车、车与环境处在高速移动的场景下时，依然要在各方之间进行通信，因此对网络传输的速率要求非常高。

传统的汽车零售业中，汽车一经售出，各项功能性能就确定了，任何小故障都要送到 4S 店去检查修理，费时费力还费钱。因此，2012 年特斯拉推出 Model S 时内置了连接通信网络的功能，可以通过车联网功能为车辆进行软件升级，让消费者眼前一亮。

从这个角度来说，当时的特斯拉已经初步展现了车联网的魅力。作为汽车智能化的重要基础，没有车联网，就没有万物互联，而单靠一辆智能汽车是无法发挥出智能汽车的产品魅力的。所以，在 2019 年，有车联网加持的智能汽车一经面世，就成为诸多消费者的关注点，也成为车联网体系中市场需求最迫切的产品之一。

2020 年 7 月 3 日，国际标准组织 3GPP 宣布 5G 标准 R16 版冻结，标志着 5G 第一个演进版本标准完成。在瞬息万变的交通状况中，5G 网络需要瞬时处理大量的实时数据，最高峰值速率达到 10 ～ 20Gbps、连接数密度达每平方千米 100 万个才能在车辆高速行驶的同时保证乘车人的安全。

在车联网应用上，5G R16 支持 V2I（车与路边单元）和 V2V（车与车）直连通信，通过引入组播和广播等多种通信方式，优化感知、调度、重传以及车与车之间连接质量控制等，实现车辆编队驾驶、远程驾驶等车联网应用场景，还通过与基站、边缘计算平台、云平台的连接，赋能了车联网更加丰富的通信方式。

具体来说，在城市道路交通中，车联网的应用场景主要包括城市主干道、交叉路口、公交站场、城市环岛、城市立交、城市隧道等场景。

（1）城市主干道应用场景

城市主干道作为城市道路交通中的关键组成部分，会面临交通路线引导、修路、封路、限速等情况。针对这些情况，通过 5G OBU（On Board Unit，车载单元）与 5G RSU（Road Side Unit，路侧单元）相结合的方式，采用 5G-V2X 通信协议实现交通路线引导、限速提醒、事故提醒等应用，提前获悉修路、封路信息，避免出行不便。

例如遇到前方道路施工时，5G 路侧单元（RSU）向附近的车辆广播施工信息，车主通过安装的 5G OBU 可以采集到前方道路的施工位置信息，并采取对应措施，避免发生交通事故。

（2）交叉路口应用场景

　　交叉路口是城市交通中最复杂的交通场景，由于同时存在着信号控制、行人和非机动车避让，以及转向盲区等特点，是最容易发生交通堵塞和事故的场景之一。据统计数据表明，美国发生在交叉路口及附近的交通事故占所有道路交通事故的44%，德国发生在交叉路口及附近的交通事故占所有道路交通事故的60%～80%，日本发生在交叉路口及附近的交通事故占所有道路交通事故的42.2%，我国发生在交叉路口及附近的交通事故占所有道路交通事故的30%。

　　正因如此，通过5G OBU和RSU设备，向驾驶员下发交通信息，能最大限度地实现防碰撞预警，减少交叉路口的交通事故。

　　① 防碰撞预警：车辆经过交叉路口时，通过计算车辆在交叉路口的位置、速度及轨迹，分析出可能发生的碰撞风险，并通过5G OBU的通信方式传输到车上，实现为车主预警的目的。

　　② 交通信号提醒：车辆经过交叉路口时，交通信号的信息通过5G RSU与OBU传输到车内的信息屏，提醒车主前方的交通信号，并引导车主做出相应的操作。

2020 年，全国首条基于 5G 的车路协同示范道路在北京市顺义区北小营镇建成。在半年运营期间，示范道路的交叉路口安全性提升了 60%，通行效率较改造前提升了 20%，相当于 2 条车道实现了 3 ～ 4 条车道的通行效率。

当车辆即将抵达路口，后台会通过对路口路况的实时监测，提前提醒车辆以何种车速行驶通过路口。当经过智能改造的消防车紧急出警时，路端信号灯会接收到其行驶信息并提前控制红绿灯，消防车平均路上出警时间缩短了 10%，大大提高了应急救援效率。

在北小营镇的 5G 车路协同示范道路上，全路段 18 个路侧均完成了基于 5G 的智能化改造，能实现交通信号控制、流量分配、紧急车辆优先、车速引导、行人预警等场景。

（3）公交车站应用场景

公交车站也是一个情况复杂的交通场景，具有乘客人数多、通行效率低等特点。为公交车辆配置提供科学依据，提高公交车的使用效率和周转率，是 5G 车联网发挥重要作用的场景之一。

目前，通过安装 5G OBU 与 RSU，可以实现车路协同、智能站台、到站提示等应用。

① 车路协同：通过 5G OBU 与 RSU 将收集到的公交站数据回传给 5G 边缘计算平台，通过 5G 边缘计算平台得出车路协同的执行结果，构建车路协同的感知网。

② 智能站台：在车路协同的基础上，实现公交站台与公交车的互动，通过 5G OBU，由电子站牌展现公交车的实时信息，在具备 VR/AR 设备的情况下，还可以实时了解公交车内状况。

③ 到站提示：由 5G RSU 实时获取公交车辆的速度、位置等数据，通过大数据计算预测下一站的到站时间，并通过公交车站的电子屏显示给用户。

2018 年，中国联通携手大唐移动、厦门公交集团、厦门金龙等单位共同开展了国内首个面向 5G 的城市级智能网联应用示范项目。厦门公交 5G BRT 智能网联车路协同系统项目通过将 5G、C–V2X、MEC 等先进网联技术与单车智能驾驶技术相融合，利用部署在 BRT 车辆上的 5G 车载融合网关，构建了车内、车际、车云"三网融合"的车联网系统架构，满足低时延、高带宽、高可靠的信息交互，同时利用边缘计算单元实现协助感知、协同决策以及协同控制的服务闭环。

5G 公共交通智能系统平台可以支持网络环境监控、V2X 专有设备管理、车辆运行调度以及车站人流监控等功能，通过平台赋能，支持安全防碰撞、信号灯协同、节能减排、精准停靠等应用的部署，显著提升了 BRT 车辆通过路口时的安全性，提高了路口通行效率，更好地保障了公交、乘客的出行安全。

（4）城市环岛应用场景

城市环岛在车流量较少的路段可以不受红绿灯的限制，有效地分流多方向的车辆，无需几十秒到数分钟的等待。但是城市环岛的缺点也很明显，在车辆较多时，由于内环车辆驶出路口的变道行为，存在交通安全隐患，而且也产生了环线内的交通拥堵节点。

针对城市环岛的这些特点，通过安装 5G OBU 与 RSU，可以实现环岛出入口提醒及行人和非机动车检测等场景下的应用。

① 环岛出入口提醒：车辆出入环岛路口时，通过 5G OBU 与 RSU 设备，将城市环岛的出入口信息推送到车内的信息屏，引导驾驶员按照出入口的方向驾

驶，避免产生交通拥堵节点。

②　行人和非机动车检测：由 5G RSU 设备对接环岛的检测摄像机，当环岛出现行人和非机动车时，可以及时提醒车主交通隐患的存在。

（5）城市立交应用场景

城市立交的应用场景与城市环岛有着相似之处，是在匝道出入口存在交通安全隐患。可以通过安装 5G OBU 与 RSU，实现匝道出入口提醒和车辆汇入预警，解决城市立交环境下的驾驶问题。

①　车辆出入口提醒：车辆出入匝道时，通过 5G RSU 设备与 5G OBU 设备通信将出入口信息推送到车载信息屏，引导驾驶人员行车。

②　车辆汇入预警：在出口匝道部署交通检测摄像机及 5G RSU 设备，车辆经过立交桥时，通过 5G RSU 设备与 5G OBU 设备通信将车辆汇入告警信息进行提示。

（6）城市隧道应用场景

不同于以上交通场景，城市内的隧道亮度低、通信网络存在延时，一旦发生事故，外界车辆很难获悉隧道内的交通状况。通过在隧道内布设 5G RSU 设备，可以随时对隧道内的交通状况进行检测，并提醒即将进入隧道的车辆。

①　隧道驶入检测：当车辆行驶至隧道口时，通过 5G RSU 设备检测车辆，向即将驶入隧道的车辆发出

提醒信息，避免交通事故的发生。

②隧道异常监测：当隧道内出现交通事故或者道路损坏等异常情况后，通过 5G RSU 设备将异常数据发送给管理后台，由后台通过隧道出入口的 5G RSU 设备播报隧道内的异常信息，或通过 5G OBU 设备将异常情况发送至车载信息屏，提醒驾驶人员在进入隧道时注意安全。

2020 年，中国联通与上海隧道股份打造的中国首条 5G 隧道——上海大连路隧道已经具备智能报警、自主发声及 AR 检修的功能，在隧道出现异常情况时，可以通知隧道管理人员及时获知风险隐患信息，确保隧道能健康安全运行。

依托 5G 技术的"物联网感知设备""高频交通大数据雷达"和"高清低时延视频传输技术"，大连路隧道可以在出现危险时"大声报警"，在繁忙的车流中"辨声定位"，并用 AR 技术实现内部检修的"视觉传输"。为隧道量身定做的全寿命管养平台 24 小时全方位监控隧道各项数据，使管理人员随时掌握隧道健康变化趋势，预判隧道健康状态和潜在风险，保证隧道的安全。

在 5G 正式商用之前，车联网的概念已经提了很多年，从最开始的定位导航实现 V2I，到现在的车联网实现 V2X，车联网的数据互通始终对通信技术有着严苛的要求，而 5G 网络的万物互联必将在以上几个场景中给车联网的实际应用带来质的提升。

5.2
5G将无人驾驶提上日程

无人驾驶技术的概念首次出现在 20 世纪 30 年代一本名为 *Air Wonder Stories* 的科幻杂志上。1986 年，卡内基梅隆大学制造出由电脑驾驶而非人类驾驶的汽车 NavLab 1。在此之后，奔驰、宝马、奥迪、大众、福特等汽车厂商都开始着手研发自动驾驶技术。随着多项支持政策及 5G 技术的发展，近年来，谷歌、英特尔、苹果等厂商也加入了自动驾驶的研究之中，无人驾驶开始成为人们耳熟能详甚至可以亲身体验的新型出行方式。

2020 年，高德在上海试运行无人驾驶网约车项目，通过高德打车平台呼叫无人车，输入起点和终点，在"舒适"车型中选择"AutoX"（自动驾驶），无人驾驶车会根据乘客起点位置的交通状况，在附近安全位置停泊上客，并自动将乘客安全送达目的地，这已经达到了美国高速公路安全管理局（NHTSA）和国际自动机工程师学会（SAE）自动驾驶分级制度中 L4 的行驶标准。

SAE分级	是否需要驾驶汽车	是否需要接管驾驶	相应的自动/辅助驾驶功能	功能示例	辅助/自动驾驶功能
L0	开启自动驾驶功能驾驶员也应时刻处于驾驶状态	驾驶员需要时刻观察各种情况，主动对汽车进行制动、加速或转向，以保证安全	仅提供警告及瞬时辅助	√自动紧急制动 √视觉盲点提醒 √车身稳定系统	辅助驾驶
L1			能够制动、加速或转向	车道偏离修正或自适应巡航	
L2			能够制动、加速或转向	车道偏离修正和自适应巡航	
L3	开启自动驾驶功能时，驾驶员无需处于驾驶状态	L3：当功能请求时，驾驶员必须接管驾驶	能够在有限制的条件下驾驶车辆	交通拥堵时的自动驾驶	自动驾驶
L4		L4/L5：二者相应的功能开启时，驾驶员无需接管驾驶	能够在有限制的条件下驾驶车辆	√城市中的自动驾驶出租车 √可能无需安装踏板、转向装置	
L5			能够在任何条件下驾驶车辆	与L4相似，但能在任何条件下实现自动驾驶	

SAE 自动驾驶等级

以 SAE 提出的 6 个等级来说：

L0 是完全由驾驶员进行驾驶操作，属于纯人工驾驶，汽车只负责执行命令并不进行驾驶干预。

L1 是指自动系统有时能够辅助驾驶员完成某些驾驶任务，比如车道保持和自动制动。

L2 指自动系统能够完成某些驾驶任务，但驾驶员需要监控驾驶环境并准备随时接管。这也是目前绝大多数厂商可以达到的水平，在这个阶段，虽然车辆可以独立完成一些组合行驶需求，但仍需要驾驶员将双手放在方向盘上、双脚放在制动踏板上，随时待命。

L3 是指驾驶员不需要手脚待命，车辆可以独立完成几乎全部的驾驶操作，驾驶员只需要集中注意力，以便随时应对可能出现的无人驾驶技术应对不了的情况。

L4 和 L5 可以称为完全自动驾驶技术，在此级别，车辆已经可以在完全不需要驾驶员介入的情况下进行所有的驾驶操作。两者的区别在于，L4 级别的自动驾驶适用于部分场景，通常是在城市中或是高速公路上；L5 级别则要求车辆在任何场景下都可以做到完全自动驾驶。

无人驾驶技术的关键点主要是环境感知技术与路径规划技术，这两项关键技术都需要将传感器收集到的数据进行建模分析后进行对应的操作，而 4G 网络尚无法承担数据的实时接收和分析。5G 的网络延时可以达到毫秒级别，支持的移动速度可以达到 500 km/h。只有将 5G 通信技术应用到无人驾驶之中，才能让无人自动驾驶真正提上日程。

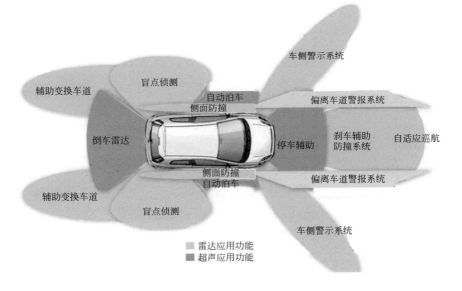

无人驾驶工作原理

目前，市场上主流的传感器技术包括视觉传感器、激光雷达传感器、毫米波雷达传感器和超声波雷达传感器。

（1）视觉传感器

视觉传感器的主要功能是实现各种环境信息的感知，无论距离目标数米或数厘米远，视觉传感器都能捕捉到很精确的目标图像。在无人驾驶中，视觉传感器可以识别包括车道线、障碍物、交通标志、交通信号灯等在内的多项信息。比如车道线就是视觉传感器能够感知的最基本的信息，拥有车道线感知功能，无人驾驶汽车才能实现高速公路车道保持功能。

（2）毫米波雷达传感器

毫米波雷达传感器是指在毫米波波段（30Hz ～ 300GHz）探测的传感器，其中 24GHz 雷达传感器、77GHz 雷达传感器常用于无人驾驶中的防撞击场景。与摄像头、红外、激光等光学传感器相比，毫米波雷达穿透雾、烟、灰尘的能力强，抗干扰能力强，可实现除雨天之外全天候的信号传感，当其在雷达区域内检测到障碍物时会发出警报，提醒车辆调整行驶路线。

（3）激光雷达传感器

激光雷达传感器是指利用激光技术进行测量的传感器。它的优点是能实现无接触远距离测量，速度快，精度高，量程大，抗光、电干扰能力强等。

在无人驾驶中，激光雷达传感器可用来实现环境感知，使无人驾驶汽车拥有高精度的测角和测距，避免地面杂波的影响。

（4）超声波雷达传感器

超声波雷达传感器主要用于泊车测距、辅助刹车等，量程较短。它可以探测到对应方向的最近障碍物距离，且造价相对便宜，是车上最易大规模使用的传感器。

比如在泊车测距过程中，超声波传感器会以超声波的形式感知周围障碍物的情况，使车辆自动避开泊车、倒车和启动时所遇到的障碍物，提高自动驾驶的便捷性和安全性。

通过以上传感器的使用，一方面，无人驾驶汽车可以搜集汽车外部的道路交通、温度、行驶间距等数据，通过这些数据对行驶环境做出建模分析，规划出最优的行车路线，避开交通拥堵和障碍物；另一方面，视觉传感器和激光雷达传感器可以对无人驾驶汽车的加速度、倾角等数据进行计算，使汽车在没有驾驶员操控的情况下也能平稳行驶。

2020 年，Momenta 正式发布自动驾驶出租车 (Robotaxi) 产品 Momenta GO。Momenta GO 使用了公司自主研发的 L4 级别无人驾驶技术 MSD (Momenta Self

Driving)，硬件传感器方面搭载了12个摄像头、5个毫米波雷达和1个激光雷达。基于与中国移动的战略合作，借助5G-V2X车路协同技术，Momenta GO不仅可以感知近端车周环境，还可以实现与红绿灯通信，在路口实现突破人类视觉局限性的"上帝视角"全息感知，超视距地感知数个路口外的交通状况。

通过车辆驾驶座旁的平板屏幕，可以清晰地看到自车周围的人和车，甚至还能看到这些目标的运动预测轨迹。在支持车路协同的路端，可以直接在屏幕上看到红绿灯倒计时秒数和下一个路口的画面，在 5G 技术的支持下，这些画面都是实时地传输与刷新。

无人驾驶的实际应用将在很大程度上缓解交通事故和交通拥堵问题，避免日常交通中由于人为原因造成的各类交通问题。

根据预测，当 5G 网络实现全面覆盖之后，所有无人驾驶汽车的延时都会降低到 5ms 以下，远远低于驾驶员的反应时间，大大提高了无人驾驶的安全性。

也就是说，由于驾驶员对紧急情况的反应时间较长引起的交通事故在无人驾驶的场景中就不会再发生了，而且由于无人驾驶汽车的延时极低，它更加适用于汽车高速行驶的高速公路场景，用户只需要设定终点和预置路线，无人驾驶汽车就可以自动完成进出高速公路的操作，驾驶过程更加安全，进一步降低了高速公路上由于驾驶员本身原因造成的事故。

随着城市化的不断推进，城市内的机动车数量不断增加。以北京为例，据北京市交管局统计，截至2021年1月，全市机动车保有量660.4万辆，驾驶员1178.4万人，北京的城市路网交通压力日益增大。与此同时，国内很多城市的道路规划还远远不能满足日益增长的机动车出行需求，所以在一二线城市，早晚出行高峰的堵车已经成为人们见怪不怪的事情。

在这个背景下，建立统一的智能交通管理中心就成为解决城市交通拥堵的一个思路，4G网络虽然可以为这样的智能管理系统提供一定的带宽支持，但在实际应用中，城市交通需要的不仅仅是智能管理系统，还需要为高速行驶的汽车提供足够低的网络延时。

4G技术可以在用户较少的时候提供良好的响应速度，但如果基站附近的连接过多，用户的延时也会明显增加。而5G无人驾驶的出现则为这个问题的解决提供了新思路，借助于延时极低的5G通信网络，智能交通管理中心统一收集车辆的实时位置和行驶信息，根据实际的情况对无人驾驶汽车的转向、加速以及刹车进行统一调度，按照当时的交通情况来进行驾驶路线的合理分配，达到自动交通分流的效果，进一步提升城市交通网络的使用效率，进而改善大城市交通拥堵的现状。

虽然 5G 技术的发展让无人驾驶的步伐越来越快，但无人驾驶技术终究是涉及传感器技术、地图技术以及通信网络技术等的综合技术，对 5G 信号的覆盖范围和智能道路基础设施都提出了很高的要求，虽然目前在一些关键技术上已经实现了突破，但到真正技术成熟，还要经历一段漫长的时间。

随着 5G 信号覆盖范围的不断扩大，以及智能基础设施的投入使用，车、人、路之间也将逐渐实现互联互通，届时，无人驾驶可能真的会成为人们日常出行的主要交通方式。

百度Apollo自动驾驶，360°感知环境信息

不管你是多么有经验的驾驶员，在路上驾驶的时候，也会遇到这样的情况。

开车上路，不得不跟在大车后面，时刻保持高度警惕。到了有红绿灯的交叉路口，大车一踩油门过去了，跟还是不跟？加速跟过去，可能突然变红灯，6 分瞬间化为乌有；不跟，可能又会浪费不必要的时间。

这是不可避免的选择难题，因为靠人眼＋摄像头是无法完全洞悉周围路况并做出预判的。

但随着 5G＋车联网时代的到来，以后驾驶员可能不会再有这种选择困难了。

随着车联网业务的不断开展，5G 汽车会在驾驶过程中给驾驶员最大的助力，帮助驾驶员完成感知、预判、决策，而且完成的效率和准确度比驾驶员自己来做要高很多。

据报道，2021 年 4 月，百度 Apollo 在河北省沧州市获得了商业运营许可；5 月 2 日，Apollo 在北京首钢园区开始常态化运营。目前，百度 Apollo 在北京亦庄经济技术开发区的运营时间已经延长到了晚上 10 点。

对于普通消费者来说，自动驾驶似乎仍然距离日常生活非常遥远，但在实际的测试过程中，百度 Apollo 已经达到了 L4 级的自动驾驶标准。

Apollo 外侧搭载禾赛科技定制的激光雷达，为车辆提供了更高的测量精度。此外，车身上还搭载了 2 个毫米波雷达、9 个摄像头，通过多种探测方式的结合，实现了 360°感知信息，为整体安全性提供了全方位的保障。

在对周围人、车、障碍物的识别过程中，百度 Apollo 可以自动识别各个方向的行人、车辆、自行车、障碍物，并根据不同的环境对象，显示出对应的图标，面对超车、转弯、避让行人等场景时都能及时应对。

另外，在探索自动驾驶技术的同时，百度在车路协同方面也取得了相关进展。

2021 年 5 月 13 日，百度与清华大学智能产业研究院联合发布了 ApolloAir 计划，这是全球首次使用纯路侧感知能力，真正实现开放道路连续路网 L4 级自动驾驶闭环的车路协同技术。这种技术能够在极度昏暗或是恶劣天气等车辆视距受限的环境下，为车辆即时同步道路信息，也能通过路侧 V2X 设备让车辆在视线受阻的情况下即时监测到车辆、行人或其他障碍物，从而降低交通事故的发生率。它甚至能够让算力有限、没有车载传感器的车辆也获得一部分自动驾驶能力，相当于让有人驾驶的车辆实现部分自动驾驶。

随着更多像百度 Apollo 一样的产品面世，5G 智能汽车已经不再是传统意义上的交通工具，而是万物互联的一个关键节点，与边缘计算、云服务、VR/AR 等服务一样，构建起一个更加完善的 5G 生活圈。

第6章

5G时代的金融变革——数字化转型智能化

6.1

5G＋银行：移动支付、开放银行、虚拟银行……

从 2G 到 3G、4G，再到 5G 的不断演进，通信服务质量的提高不仅为教育、医疗等行业带来了日新月异的变革，也为金融业的变革提供了坚实的技术支撑。

通信行业与金融行业的关系一直以来都非常密切，早在 3G 时代，各大银行纷纷推出的手机银行业务，让人们可以远程办理业务，固定网点不再是人们办理银行业务的唯一途径。在 3G 技术的支持下，各大银行还顺势推出了基金交易、黄金交易、理财产品、手机充值等金融增值业务。

但 3G 时代的手机银行业务还远远不能满足人们日常生活对于银行的需求。4G 网络的应用让银行有能力通过 4G 专网和 4G 移动通信整合汇集海量用户，实现资产端、交易端、支付端、资金端的互联互通，真正达到数据共享和业务整合，在这个阶段所产生的代表性业务包括互联网基金销售、互联网保险、移动支付等，这些业务改变了大部分人办理银行业务的方式方法。

对于银行从业人员而言，在 4G 时代，大数据、云计算、人工智能、区块链等技术完善了传统金融行业的风险定价模型、投资决策过程等，大幅提升了传统金融行业的工作效率和抗风险能力。

随着 5G 时代的来临，"5G+银行"让人们对银行业务产生了更高的期望。对于"5G+银行"而言，其可能出现的亮点主要包括以下几个方面。

① 发挥 5G 网络高带宽、低时延的优势，促进远程金融服务发展，比如语音视频交互服务、AR/VR 交互服务等。

② 发挥 5G 网络大连接的优势，增强数据采集能力和分析能力，实现业务办理的智能预判和全程监控，减少业务办理中的风险隐患。

③ 发挥 5G 终端的硬件优势，线下接入智能终端，丰富网点的服务场景，减少人工成本。

5G+银行的业务场景主要包括以下几个方面。

（1）移动支付

在 4G 时代，移动支付已经取得了长足的发展，并诞生了二维码支付、指纹支付等移动支付手段。5G 的低时延则会进一步发挥云端计算的能力，为用户提供更加科学和个性化的支持手段。同时，5G 的应用还将在密码支付、指纹支付等支付手段之外实现虹膜支付、声纹支付等新形式，为客户在消费场景提供更加便捷的支付体验。

移动支付产生的海量数据还将进一步催生数字征信的发展。传统征信数据主要是个人基本信息、传统金融机构信贷信息，用来判断个人征信状况，主要靠线下收集数据，来源较为单一，无法获取全面的信息。而在 5G 应用于消费场景之后，金融机构可以通过用户在各种消费场景中的行为得到更加全面和细致的数据，更加准确地掌握个人的征信状态，建立可信度更高的信用评级体系，推动征信系统从原有的数据采集模式向数字化方向发展。

（2）智慧网点

2019 年 5 月 31 日，中国银行宣布在北京推出首家 5G 智慧网点；同年 6 月 12 日，中国工商银行在苏州市推出首家基于 5G 应用的新型智慧网点；7 月 11 日，中国建设银行在北京推出三家"5G+ 智能银行"；10 月 20 日，中国农业银行在乌镇发布了以"5G+ 场景"为主题的智慧网点品牌，打造了包括浙江桐乡乌镇支行在内的 6 家"5G+ 场景"智慧网点。

以 5G 网络为基础，诸多银行一夜之间开始了网点智能化的革命。对于银行来说，网点仍是银行最主要的获客渠道。5G 可以帮助银行提供基于智能语音交互和 VR/AR 技术等的更多适用于网点的新型场景化服务，提高用户在网点办理业务的用户体验，为不同客户群体提供个性化服务。比如使用远程服务为不同客户群体提供更加完善的服务，对于高净值客户来说，中行、农行、工行、建行等智慧网点都可以通过远程连线的方式与银行的全球专家进行实时连线，由银行不同层级的财富顾问为客户提供一对一的定制理财服务。

（3）开放银行

4G 网络让银行传统的线下模式进入了直销银行的阶段，各大银行通过自己搭建的互联网平台或者移动 App，整合了自身的存贷汇业务和投资理财业务。

直销银行与 4G 网络的结合，一方面改善了银行客户的使用体验，让客户足不出户就可以办理相关业务，另一方面也降低了银行的运营成本，可以让银行把物力、财力用在更好地运营用户方面。

5G 的出现加大了开放银行发展的可能性。开放银行模式最早起源于英国，其利用开放 API 等技术实现银行与第三方机构间的数据共享，进而建立起开放的泛银行生态系统。

2013 年 6 月，CMA（Competition and Markets Authority，英国竞争和市场管理局）推出 Open Banking 计划；同年，中国银行正式发布中银开放平台，向外拓展了 1600 多个接口，打响了中国打造开放银行的第一枪。目前，中国建设银行、中国工商银行、招商银行等银行都已经推出了自己的开放银行战略和平台。

在开放平台中，银行通过 API、SDK、小程序、微信服务号等形式将金融服务和产品嵌入第三方互联网场景平台的应用程序中，并基于第三方场景拓展服务渠道，将银行本身的金融能力输出到各行各业的互联网场景中。

例如目前各大银行已经通过开放平台实现了日常水、电、气的缴费过程。随着 5G 技术和物联网设备的不断发展，未来家庭的水、电、气缴费业务可以通过物联网设备上传到银行数据平台，并与银行账户关联实现自动扣费。

在这个过程中，银行借助开放银行去拓展客户群体，增加第三方应用场景下的交易频次，而第三方互联网场景平台则借助银行搭建自己的业务闭环，由专业的银行来负责支付等特定环节的搭建。在开放银行的业务形态下，提升了双方的活跃用户量，并且建立起完整的业务流程。

（4）虚拟银行

2019 年 3 月 27 日至 5 月 9 日，中国香港金融管理局先后下发八张虚拟银行牌照，这标志着虚拟银行正式进入人们的日常生活。按照正式开业的次序，这八家虚拟银行分别为：众安银行、天星银行、汇立银行、Livi Bank、Mox、蚂蚁银行、平安壹账通银行以及富融银行。

从股东背景来看，这八家企业金融科技的属性非常明显，腾讯、阿里巴巴（蚂蚁金服）、小米集团、京东数科、携程金融、平安壹账通、众安科技（国际）集团等巨头纷纷入局。

与传统银行不同，虚拟银行主要通过互联网或其线上渠道操作，除了传统存款贷款业务之外，还可以办理理财、保险、黄金等创新业务。

由于不存在实体办公网点，虚拟银行的租金和人力成本大幅下降，更加符合 5G 时代用户办理业务的需求。用户不再需要去银行排队取号，而是通过 5G 技术在手机上实现远程服务，不限时间地点，全天候都可以使用银行服务，节省了前往营业网点办理业务的时间。

例如众安银行就没有实体网点，开户、风险评估等工作都在线上进行，用户只需 1 部手机、1 张身份证，就可随时随地体验真正的 24×7 全天候银行服务，让手机成为自己的专属分行。

随着 AR/VR 技术与银行的进一步整合，还会为用户提供身临其境的远程体验。用户通过 AR/VR 设备，可以让自己仿佛处于现实的银行网点环境之中，并基于之前的业务办理经验，快速选择需要办理的银行业务。

除以上几类业务之外，5G+ 银行以后会推出更多的个性化业务，当以 5G 为基础的传感器和智能穿戴设备进一步与金融业结合后，用户可以享受到更多智能化操作的业务办理流程，同时，银行也可以获得更多用户的资产属性和行为习惯，刻画出更加翔实的用户画像，并为用户提供科学的个性化服务。

6.2
5G+证券：私人银行和投资顾问有望普及

如果说5G+银行与人们的日常生活相对密切，更多影响的是前台的业务形态，那么5G在证券行业中的应用则贯穿了前台、中台和后台的所有环节。为此，各大券商在通信技术、云计算和大数据等先进技术方面投入了大量的人力、财力。

据艾瑞咨询数据显示，券商金融科技资金主要投入于云计算与大数据、人工智能（AI）、区块链、流程自动化（RPA/IPA）。云计算和大数据，预计未来几年将维持在50%左右的投入占比；人工智能（AI），2019年投入占比为31.25%。

整体来说，5G+证券更多体现在大数据、人工智能的结合，5G时代的证券金融将不仅仅是服务效率的提高，更是入口多元化和服务方式多样化。5G将从用户体验、业务创新、资源创新等方面为证券业带来深远的影响。

广发证券相关人员表示，5G 技术为金融及证券行业提供更为智能、高效的万物互联基础，"5G+ 金融科技"的组合势必给证券行业带来深刻变化。在"5G+8K VR"（高清虚拟现实应用）方面，得益于高网速、高清视频技术、VR 沉浸式技术的提升，VR 投顾服务、VR 私人银行、VR 投资助手等一大批创新场景将给用户带来耳目一新的体验。在投研、风控等业务板块，伴随 5G 所带来的万物互联基础，在区块链技术的推动下，业务模式将发生颠覆性变化。

接下来，我们来探讨 5G 如何改变证券行业前台、中台和后台的业务形态。

（1）扩展前台服务场景，降低客户使用门槛

在证券前台，5G 技术与证券行业的结合主要体现在为客户带来全新交互体验，降低客户获取证券服务的门槛。mMTC 将带动证券行业的服务终端从智能手机到更多形式的智能设备，打造证券行业泛终端的服务形态；eMBB 则会推动实时直播、远程视频业务办

理、一对一视频咨询等服务方式的快速发展。

①远程服务　与银行业相似，5G技术势必会给券商的线下营业部带来服务形态的革新。鉴于人脸识别、大数据分析和个性化推荐已经取得了一定的落地效果，5G时代的证券服务完全可以摆脱线下营业部的束缚，以远程开户等方式向客户提供无人服务，缩短客户等待时间，提高业务办理效率。

②即时交易　由于证券行业中存在自动交易、高频套利等专业场景，对于通信延时有着极高的需求。以自动交易为例，由客户输入涉及算法的交易指令，以执行预先设定好的交易策略，包含时间、价格、交易量等诸多变量，在证券市场波动时，交易指令的即时执行对于客户的收益至关重要。

在5G进入证券前台业务后，uRLLC技术可以向客户提供更加低时延的交易通道服务，缩短交易中的整体延时，帮助客户把握证券市场中转瞬即逝的机会。

（2）中台业务前置处理，大数据提供投资助手服务

对于中台业务而言，5G通过实时视频等方式帮助中台业务人员摆脱时空限制，更有效地支持前台业务的开展，也可以借助AR/VR等技术完成投资顾问角色的虚拟建设。

①视频服务　目前证券行业的中台业务还无法使用远程视频开展，不论是带宽限制还是用户体验，都

不足以让视频服务成为主流的券商应用。

而 5G 技术则会刺激券商加大在视频类应用上的投入，为客户提供更高质量的视频服务。例如客户购买私募基金等产品时，可以不用亲临现场，而是在远程录音录像的条件下开展，业务人员即时将视频回传到业务中台，减少了业务人员的工作量，还可以应用边缘云服务缩短分发距离，减少客户办理业务的等待时间。

② 投资助手　过去，投资助手大多以数据整合显示的方式出现，客户使用投资助手类工具收集数据，再根据自身理解和经验进行分析决策。而 5G 背景下的投资助手不仅可以迅速获取实时行情、财务数据、上下游关联行业、关联资讯等信息，也可以借助 AR/VR 技术为客户创造所有场景的虚拟现实，不管用户身处何处，都可以身临其境地参与到投资的过程中。

2019 年 12 月 18 日，广发证券与广州联通联合宣布战略合作，双方联合成立了 5G 创新实验室，探索 VR 移动展业、路演工具、AR 投资助手、虚拟空间交易室、云端证券应用等 5G 前沿应用产品，互利共赢，成为证券业与通信行业合作的典范。

（3）提升后台运作效率，加快券商数字化进程

在证券行业的后台，5G 技术带来的更多是工作效率的提高。对内而言，5G 技术允许团队之间以更加快速便捷的方式展开协同工作。例如不同团队之间需要进行远程协作，5G 技术可以以 VR、全息影像等更接近真实画面的方式展开工作。

对外而言，后台业务涉及诸多业务场景下的数据采集和风控管理，5G 技术的介入有利于建立各业务线条的智能化管理，推进整个证券行业的数字化。例如证券交易所的资产支持证券存续期项目管理人需要监测基础资产质量的变化情况，持续跟踪基础资产现金流产生、归集和划转。实际操作中，要做到不间断的持续跟踪需要耗费大量的人力，而 5G+ 物联网的组合则可以通过部署各类传感器和检测设备，随时跟踪基础资产的运营状态。

最近几年，证券行业也处在改革的重要节点，国内银行与互联网巨头都意图影响证券行业发展。在此背景下，券商的数字化改革进程势在必行，而 5G 的上马无疑是为券商的数字化进程添砖加瓦。未来，更多的券商业务将更加依赖线上平台，突破传统财富管理对于时间和空间的限制，支持海量用户的并发业务，提高证券人员的服务效率。

6.3
5G+保险：大数据推动精准保险营销

保险业一直跟大数据有着紧密联系，在任何一家保险公司，数据库、数据集市、数据仓库、BI系统都存储了大量的用户数据，基于这些数据，保险公司才能更加有针对性地开展承保、理赔等业务。

举个例子，在承保阶段，几乎要填写所有个人信息，包括投保人信息、被保人信息、历史病例、投保金额、职业种类等，这些数据记录了客户在产生投保行为时所有的个人信息和个人行为信息。

仅仅是一张保单，就涉及多方关系，投保人、被保人、直系亲属、公司同事、熟人朋友以及他们之间的关系。换做任何一家互联网公司或者其他行业的公司，想要拿到这些客户信息，基本上是不可能的，因为大部分互联网产品都只是瞄准了客户的某一个垂直需求，而不会有渠道获取到如此多的客户关联信息。

而且，由于涉及后期理赔工作，客户在填写这些数据的时候，会主动多次检查以保证数据的准确性，业务人员和核保人员也会多次检查数据的完备性和真实性。因此，客户在办理保险业务的同时，也把个人数据送到了保险公司的手中。

截至 2020 年 6 月 30 日，全国保险公司在保险中介监管信息系统执业登记的保险销售从业人员有 971.2 万，这 971.2 万人所办理的保险业务中所包含的客户数据堪称海量，保险公司也一直针对这些数据进行数据分析和精准营销，但是很可惜，目前对于这些数据的分析还没有达到大数据分析所能达到的理想效果。

而 5G 则从根本上变革了数据收集的方式方法，各种物联网检测设备和传感器的应用将为保险公司提供更加立体化和精细化的客户数据，为精准营销和新产品推出提供决策依据。

（1）提高传统险种的运营效率，推动无人理赔落地

在传统的医疗保险中，为了避免由于信息不透明造成的风险，保险公司会对有特定疾病史的客户直接拒保，这从客观上造成了一部分客户在符合投保条件的情况下，也会被保险公司拒之门外。归根结底，这种情况是由于客户的健康数据不透明、不全面造成的。

随着 5G 与医疗行业的结合，客户的健康数据和实时身体状况将会进一步向保险公司开放，保险公司对于投保人的身体数据和风险状况也可以做到随时掌握和趋势判断，当投保人进行投保时，只需要向保险公司开放健康数据的查看权限，由保险公司判断是否

符合投保条件，以避免客户直接被拒的情况。

　　在安全事故保险和意外事故保险的核保中，5G和无人机的结合让核保的过程更加高效。以 2015 年"8·12 天津滨海新区爆炸事故"为例，截至 2016 年年末，有 101 家报销机构参与应急处理，从全国抽调专业技术人员 1000 余人，投入设备近 1000 台套，派员查勘排查 5000 多人次，共处理保险理赔案件 6000 多件。类似这样的特大型安全事故会耗费大量的人力、物力。而无人机本身具备快速取证和远距离操作的特性，与 5G 技术相结合，借助高清视频和 AI 图像识别技术，可以实现快速现场取证、自动定损等功能，减轻了一部分人工作业的负担。

　　2018 年，上海、深圳等地成功测试无人机搭载 5G通信技术模组，实现无人机 360° 全景 4K 高清视频的现场直播。结合目前保险公司建立的各类图像识别技术下的智能定损平台，对于高价值标的、大尺度场景可以实现更准确快速的定损理赔服务。例如爆炸、核电事故等场景下，"5G+ 无人机"将是很好的定损理赔手段。

（2）大数据推动下的精准营销和个性化服务

传统的保险业务多由代理人在与客户沟通的过程中发掘保险需求，无法在沟通之前事先获悉用户的潜在需求，而随着 5G 设备的广泛应用，各种通信设备和传感器将会主动收集客户的行为数据，并通过云计算和大数据技术进行海量数据的建模分析，主动为企业和个人定制符合其需求的保险产品，实现保险服务的精准营销。

以泰康在线为例，它主要经营互联网财产险、车险、健康险、意外险、货运险、责任险等，其中健康险和意外险是泰康在线最看重的两类险种。

2020 年 5 月 29 日，泰康在线与 OPPO Watch、妙健康推出了国内首款基于智能手表端的互动式健康保险——"律动保"系列产品，借助可穿戴终端提供的数据支撑，制定个性化的精准化保险定价，一方面促进客户主动改善自身健康状况，另一方面主动收集客户身体状况的各种数据。通过整理传感器收集上来的各种信息，预测健康险的目标群体，并对这些目标群体进行细分，按照不同的标准为目标客户进行画像，根据客户的行为和消费特征有针对性地开展营销活动。根据客户的依从性和任务完成情况，给予浮动保额奖励，覆盖医疗险和重疾险，从而实现风险保障。

（3）5G在各行业的应用场景催生全新保险产品

5G不仅可以变革各行各业的业务形态和应用场景，同时这些场景也都可以催生对应的保险产品。以无人车保险为例，随着无人驾驶技术的广泛使用，原有人工驾驶的保险产品也会做出对应的更新。传统的人工驾驶中，安全责任的主体为驾驶员，而在无人驾驶场景中，安全责任的主体则转变为生产厂商及软件商，因此，保险公司从为驾驶员提供保险服务转变为向生产厂商和软件商提供保险服务。

2019年6月10日，长安汽车宣布，将免费为消费者购买自动泊车使用责任险，针对搭载自动泊车系统的长安乘用车，因系统质量问题发生事故，最高可赔付55万元。

消费者在严格按照说明书要求使用APA自动泊车系统的前提下，如果由于自动泊车系统质量问题发生事故，消费者可拨打长安汽车客服电话报案。消费者在报案时，需要向长安汽车提供自行安装的用于记录自动泊车系统运行全过程视频数据的存储卡，长安汽车将安排专家对视频数据进行判定。如果长安汽车判定为系统原因导致事故产生，那么损失将由保险公司进行相应赔偿。每次赔偿限额中，财产损失限额40万元，人身伤害限额15万元。

也有保险公司不看好无人驾驶，例如英国保险集团 Thatcham Research 认为现有的自动驾驶技术远不及人类的驾驶能力，保险公司需要为此承担额外的责任，因此其要求投保人缴纳更多的保费。

不管保险公司对于无人驾驶的态度如何，5G 技术所延伸的类似无人驾驶的新型业务都会让保险公司提供更多相关的保险服务。

除了无人驾驶保险，5G 的加速商用也推动了环境污染责任险的改革。长期以来，环境污染责任险困扰着诸多保险公司，由于检测环境复杂、检测难度大等原因，保险公司一直很难把控环境污染责任险的查勘核保，对于被保险人污染水、土地或空气依法应承担的赔偿责任也无法做出合理的界定。

5G 高速率、低时延的特性则可以从根本上解决环境污染责任险的难题。一方面，保险公司可利用 5G 技术进行实时的查勘，缩短保险的核保时间，提高核保效率；另一方面，借助 5G 技术可以在企业生产环境中部署一系列的物联网传感器，当企业排放危险物超过一定指标，立即向企业和保险公司进行反馈，对污染行为进行有效干预，降低企业可能承担环境污染责任险的风险。

从提高传统险种的投保效率，到面向目标客户群体的精准营销，再到新的保险模式，在 5G 和相关行业产品不断涌现之后，传统的保险业务必将面对各种应用和场景的冲击和合作。一方面，以远程核保、智能核保为代表的工作方式会提高传统保险业务的工作效率；另一方面，无人驾驶保险等新业务和新场景也在呼唤新的保险形式，为保险公司创造更多的盈利方式。

日本《连接5G之后的世界》畅想移动支付

其实早在 2G 时代，移动支付就已经进入人们的视野，但由于当时移动支付的生态环境还处于"蛮荒"时代，所以并没有激起太大的水花。

当时，由于短信是人们日常交流的主要方式，所以在中国移动 2000 年推出的移动梦网中，就包括了简单的移动支付功能——短信支付。

从这个意义上说，短信支付是移动支付的最早形态，不需要第三方支付软件的账号，它直接将用户手机 SIM 卡与用户本人的银行卡账号建立了对应关系，用户通过发送短信的方式完成交易支付请求，这与现在在支付宝等软件中输入手机号转账异曲同工。

但很显然，移动梦网的短信支付并没有发展起来，并不是说这项功能很鸡肋，相反，通过短信完成交易的产品理念是极为超前的，甚至在 2020 年中国移动打造的"5G消息"App 中都可以看到这种产品理念的影子。之所以没有发展起来，是因为 2G 时代尚不具备移动支付的各种场景，生不逢时就是短信支付最好的注脚。

真正让移动支付进入人们视野的是 4G 时代。由于通信网络条件的改善，加上二维码等移动互联网的业务形态，移动支付开始成为人们日常生活中不可或缺的一部分。《2020 移动支付安全大调查报告》显示，截至 2020 年 6 月，我国移动支付用户达到 8.05 亿，较上年同期大幅增长 27%，由于新冠疫情的影响，移动支付拓展了政务、民生、消费等细分垂直场景，让移动支付数据有了更多赋能价值。

这些数据都不禁让大家畅想 5G 时代的移动支付会是什么样子。关于这个问题，2019 年日本总务省制作了 5G 宣传片《连接 5G 之后的世界》，其中对于 5G 时代的移动支付做了一系列的畅想。

宣传片从 00：01：00 开始出现与移动支付有关的场景，也就是无人便利店。这种产品形态对于很多人来说并不算陌生，毕竟从 2017 年起，就有不少无人便利店陆续在国内一些城市落地，但彼时的无人便利店很大程度上依赖自助机、RFID 等传统技术，因此在 2019 年年底迎来了一波关店潮。

在宣传片中，主人公随意拿着无需标签的商品，随手放进口袋。这个拿起商品的动作很不明显，而识别这个动作的行为更加不明显，基本看不到识别装置，就可以完成付款。

这就是 Amazon Go 等无人便利店与国内最早一批无人便利店的区别之处。比如在店内购物支付这个环节，Amazon Go 主要基于计算机视觉算法为消费者带来即拿即走的购物体验。顾客进入 Amazon Go 后，AI 系统通

过货架上和过道上的数百个摄像头，跟踪记录人们的购物活动。顾客自行选择任何他们想要的东西，AI 视为顾客将这些商品放入他们的虚拟购物篮，当他们将物品放回货架，系统也能从顾客的虚拟购物篮中移除物品。

选定商品后，顾客可以直接离开商店，AI 将会确保向正确的顾客收取正确的商品费用，而顾客只需在 Amazon Go 应用程序里线上支付即可。

随着 5G 高清摄像头、AI、视觉识别算法等技术的进一步发展，5G 时代的移动支付将远不止 Amazon Go 中的购物场景。

片中也向人们展示了 VR 智能眼镜。通过为实体商品赋予虚拟信息，顾客可以通过 VR 智能眼镜完成购物支付。其实早在 2016 年，支付宝也推出了 VR Pay，但由于实际使用中受到通信网络环境和购物支付场景的制约，VR 支付并不普及。

只有当 5G 网络让 VR 实时效果得到质的飞跃，同时在实体商品与 VR 素材方面也有更多的厂商愿意参与进来，届时 VR 智能眼镜才会像现在的智能手机一样，轻松一点，就可以完成移动支付。

除了 AI 支付和 VR 支付，5G 也让全息投影等技术有了与移动支付契合的机会。早在 2017 年，支付宝曾推出一个重磅黑科技"如影计划"，试图通过全息投影技术完成部分消费场景下的移动支付。例如在餐馆吃饭时，支付宝可以直接投射在餐桌上，用餐桌就可以完成点餐和支付的过程。但是全息投影对于通信网络和商家环境都有非常高的要求，因此并未大规模推广开来，但支付宝的"如影计划"已经初步让人窥见了5G移动支付的魅力。

不管是哪种支付方式，移动支付归根结底是商品交易的过程之一。传统的支付过程中，我们通过纸币和手机作为媒介；在5G移动支付过程中，我们借助高速的通信网络，以人脸、体态、声纹等作为媒介，也只有5G网络才能达到支付过程的"无感知"，让人们放下对移动支付的戒心，在不对移动支付用户造成干扰的前提下，完成资金流、信息流和物流的交换。

第 7 章

5G时代的医疗——
资源共享迎来新局面

7.1
数据共享：提升医疗资源利用效率

在民众对健康的需求持续增长的背景下，如何解决医疗资源共享的问题呢？ 5G+ 医疗给出了更加科学化的答案。

毋庸置疑，目前国内的优质医疗资源仍然紧缺，城乡之间的诊疗水平差距较大，这在短期之内是无法通过人工手段来解决的，但可以通过 5G+ 医疗建立新的数据共享模式和远程医疗模式，让更多患者通过云医院享受医疗服务，在就诊期间提高就诊效率。

对医院而言，5G 技术将成为医联体连接的重要纽带，未来的云医院将突破传统医疗模式中一对一的诊断方式，可以将优质的医疗资源共享给各个医疗单位，实现跨界医疗，借助 5G 的大带宽和低时延，快速提升医疗人员的水平，提高患者就诊的效率。

对患者而言，5G 技术可以在就诊过程中提供更加稳定、快速、低时延的数据传输，解决了目前 4G 网络在数据传输、图像传输等过程中的瓶颈问题。

例如目前医疗数据中有超过 90% 来自于医学影像，作为临床诊断的重要依据，患者经常需要携带大量的 CT、核磁等医学影像在不同科室和医院之间奔波，这些影像资料不易长时间保存，而且携带不方便，一旦出现磨损或者丢失，会对治疗过程带来一定的影响。5G 技术采用"云胶片"的模式，在没有实体胶片的情况下也能看到影像，在不同科室和医院之间，可以通过电脑、手机、Pad 等智能终端屏幕查看和分享。患者做完检查后再也不用拿着影像资料来回奔波了。

对于一些特殊的医疗场景，5G 技术可以让一些诊断步骤前置，让医生和专家尽早介入患者的治疗过程，把握治疗的关键时间点。

例如急救方面，在 5G 网络的支持下，患者进入急救车就相当于进了急救中心，急救车上的 5G 网络可将车内患者的病情状态向急救中心进行实时传输，急救医生虽然不在救护车上，也可以随时发现患者病情变化，指示救护车上的工作人员根据具体情况完成患者进入急救室之前的准备工作，患者在急救途中的突发状况也可以得到及时应对。对于一些突发的重症、急症而言，5G 让救护车上的时间成了救死扶伤的黄金时间。

2019 年 7 月 11 日，在大连医科大学附属一院举办的 5G 临床应用演示会中，急救人员坐在一辆覆盖了 5G 信号的急救车内，实时与大医一院急救中心医生交流，让急诊医生了解到救护车内患者的一切情况。

在急救车全程运送途中，医院急诊医生通过眼前的大屏幕，能够了解患者的姓名、年龄、性别等基本信息，同时患者的心电图、监护信息等以及急救车行驶位置均能实时传输到急救中心，医生可以即时进行视诊、问诊，以指导车上人员检查、抢救。如果病人病情复杂，可以在救护车上面启动远程会诊系统，通过医院专家对急救车上的病人进行多学科会诊，指导急救车上的现场救治。

而在此前，由于信号单一、不稳定、画面清晰度差等因素，几乎是不可能实现急救车上的实时数据传输的。

数据共享仅仅是 5G+ 医疗最基本的应用场景，凭借高速率、低时延、大容量的显著特性，5G 网络与人工智能、VR/AR、机器人等技术相结合，可以大大降低医生和医院管理人员的治疗和作业压力，对于医疗资源下沉、分级诊疗体系建设、医疗扶贫等工作有着重要作用。

7.2
远程医疗：让机器人手术成为可能

目前国内医疗面临的一大困境是由于人口分布不均衡造成的优质医疗资源稀缺和分配不均衡。除了加快优质医疗资源扩容和区域间的合理布局，促进患者异地就医和医院同质化发展之外，5G 科技催生的远程医疗也为解决这一问题提供了新的办法和思路。

上海市第一人民医院相关专家表示，5G 作为医院信息化建设、智慧化医院建设的一个手段，它最大的特点就是连接广、传播快，要应用在现实场景中，5G 的基础建设布局是关键。

按照远程医疗的具体应用，可以将远程医疗分为远程诊断和远程治疗两个过程。

（1）远程诊断

传统的远程诊断多采用有线连接方式进行视频通信，建设和维护成本高、移动性差。随着 5G 时代的到来，远程诊断将从根本上实现质的飞跃，5G 网络高速率的特性可以支持远程高清会诊和影像数据的高速传输与共享，并让专家能随时随地开展会诊，大大提高了远程诊断的效率与准确度。

2018 年 10 月，在 2018 数字经济峰会暨 5G 重大技术展示交流会上，郑州大学第一附属医院与华为和中国移动完成了基于 5G 网络的远程 B 超工作。

由于 B 超很大程度上依赖于医生的扫描手法，不同医生根据自己的手法习惯来调整探头的扫描方位，选取扫描切面诊断病人，最终检查结果会有相应的偏差。在医疗资源分布不均衡的背景下，需要借助 5G 高清远程超声系统，发挥优质医院专家的优质诊断能力，实现跨区域、跨医院之间的业务指导、质量管控。

借助 5G 技术，可实现将本地的无线 B 超探头作为操作柄，操控异地的机械臂，实现远程诊断操作，这在 4G 时代几十毫秒的延时传输下是不可能实现的。5G 毫秒级的延时特性可以支持医生异地实时操控机械臂开展 B 超声检查，使得优质的医疗资源得到了均衡的利用。

（2）远程治疗

据国家卫生健康委员会数据显示，截至 2020 年 9 月底，我国基层医疗卫生机构有 96.9 万个，这些机构存在着不同程度的医疗水平较低的问题，在医疗资源不足的地区，不少患者依然面临着缺少专家和先进设备的难题。

在此背景下，5G 远程治疗可以让不同地区之间的医疗资源流动起来，利用医疗机器人和高清网络传输系统，一线城市的医疗专家可以对基层医疗机构的患者进行及时的远程治疗。

利用 5G 网络切片技术，可快速建立不同区域间的数据传输通道，保障远程治疗时的稳定性和实时性。在治疗过程中，专家可以随时随地掌控病人情况和治疗进程，实现远程精准操控和指导，一方面降低了患者的就医成本，另一方面也让优质医疗资源具备了下沉的客观条件，对于促进医疗资源均衡化具有重要的意义。

2019 年 3 月 16 日，中国移动携手华为公司助力解放军总医院，成功完成了全国首例基于 5G 的远程人体手术——帕金森病"脑起搏器"植入手术，医生在海南为远在北京的患者实施了手术。

本次手术通过 5G 网络，跨越近 3000 公里，成功实现了北京与海南之间的帕金森病"脑起搏器"植入手术，实现了 5G 远程手术操控。

"脑起搏器"手术是目前治疗帕金森病的有效方法之一，通过向大脑深部神经元核团精准放置电极并施以电刺激，达到改善病人病症的效果。本次手术用时近三小时，患者四肢震颤、肌肉僵硬症状，在"脑起搏器"电刺激下立即得到明显缓解，术中磁共振扫描可见脑内电极植入位置精确，达到手术预期，病人术后状态良好。

随着 5G 技术的成熟应用，基于 5G 技术的远程治疗对于改善基层医疗水平、降低患者就医成本、缓解医疗资源分布不均衡，具有非常重要的意义。可以说，5G 网络下的诊断和治疗让普通群众在乡镇的基层医疗机构中也可以享受一线城市的专家服务。

（3）AR/VR/MR医疗

除去基于 5G 高速率、低延迟特性的远程诊断和治疗，AR、VR、MR 技术也在逐渐融入医疗培训和实际治疗过程中。

例如 VR 和 AR 常用于临床外科培训，在给外科医生做手术流程和护理流程的培训时，可以利用 VR 进行场景模拟，使手术过程从视频培训进化到 VR 培训，有助于外科医生增强切身体会，而且这个过程可以重复练习，对于实际工作有很好的促进作用。在实际手术之前，外科医生也可以利用 VR 技术提前进行模拟，以便在实际操作中更加娴熟地完成手术。

目前国内从事 VR 医学教学和培训的公司主要有水立方三维数字科技、医微讯、光韵达数字医疗科技等公司。

以医微讯为例，其打造的 VR+3D 交互的外科手术培训在线平台 surgeek，不但为外科医生提供了学习用的手术全景视频，而且还设计了 3D 交互模拟，用于模拟外科手术的操作。水立方三维数字科技和光韵达数字医疗科技也都在虚拟仿真实验和 VR/AR 手术规划方面有自己的核心技术。

在实际使用中，影响 VR 使用效果的主要问题在于 MTP(Motion To Photons) 时延引起的 VR 眩晕。MTP 时延是指从头动到显示出相应画面的时间，MTP 时延太大容易引起眩晕，目前公认的是 MTP 时延低于 20 毫秒就能大幅减少 VR 眩晕的发生。

为降低 MTP 时延，目前 VR 主要通过有线传输，在实际使用的过程中会受到连接线路长度的限制。借助 5G 网络的低时延特性，VR 眩晕的问题将得到很大程度上的缓解，而且连接线路也不会对 VR 使用场景的扩展形成限制。

2019 年 5 月 13 日下午，江苏省人民医院本部的胸外科专家与江苏省人民医院浦口分院的朱全主任成功为患者完成了左上肺联合亚段切除术。本次手术是全国首例 5G+MR（混合现实）远程肺部手术。在手术过程中，通过 5G 移动网络实时传送高清视频画面，由陈亮主任远程指导手术约两小时，实现了远距离 MR 手术过程。

借助 MR 技术，肺部腔镜展现的真实场景与患者的三维病例解剖模型相融合后产生的影像可以通过 5G 网络传输到专家眼前，专家再用语音和标识笔将手术要点及需要防范的问题进行远程标记，并将这些信息无延时地呈现在朱全主任的手术视野中，辅助他和手术团队现场操作，保证手术安全进行。

在两个小时的手术过程中，双方音视频传输流畅，无卡顿和时延，为左上肺联合亚段切除术此类对于时延要求极为严苛的手术提供了保障。这一切都归功于 5G 网络的高带宽、低时延特性。在手术过程中，采用边缘计算和切片方案，保证了手术中高清音视频、患者影像数据、手术方案等数据的快速传输、同步调阅。

7.3
生命体征实时监测：全天候守护患者健康

传统的生命体征监测是借助医院或者医疗机构的专业检测仪器进行测试后，得到静态体征监测报告，往往不具备实时性。例如现在的 24 小时动态心电图需要先记录到存储卡中，然后第二天将存储卡交给医生读取数据后，才能得知前一天 24 小时内的心电情况，这种检测方式自然是无法进行实时监测的。

而随着 5G 技术和各种可穿戴设备进入医疗系统，以往很多静态的生命体征监测已经可以借助可穿戴设备实现随时随地的数据监测和管理。比如乐心医疗在 2020 年推出的医疗级心电健康手表 Health Watch H1，已经可以做到随时了解用户心脏是否健康，具有医疗级 ECG 测量表现，可以及时捕捉心律异常，能检测到心肌激动时的生物电流，结合三甲医院临床心电图大数据和人工智能算法，可快速准确显示用户的心电图。当检测到用户的心率超出预警值后，手表会振动并发出弹窗提醒，避免心脏超负荷。

诸如此类的医疗可穿戴设备往往是在传感器、芯片、5G 通信网络的基础上，将可用于医疗数据监测的芯片内置其中，随时测量并记录个人健康数据（如运动量、呼吸频率、血压、睡眠时长等），然后将这些数据通过 5G 网络上传到云端进行分析，为个人用户提供监测管理和数据预警。

在 5G 技术广泛应用之前，已经出现了诸如小米手环、华为手环等可穿戴设备，主要是通过蓝牙技术连接到用户手机上，从而实现健康数据的采集，再通过 App 将采集的数据上传至云端进行记录和图表展示。

在这个过程中，由于人们每天产生的健康数据很多，极易受到 Wi-Fi 无法随时覆盖以及 4G 网络传输速率慢的影响，从而难以实现实时的健康数据分析与监测。

随着 5G 技术与生命体征监测的结合，利用 5G 毫米波和 MIMO 的技术特性，可以在信息的收发之间构建多个信道，增加网络覆盖范围，提高数据传输的速率和质量，对于日常的健康数据实时传输监测已经不在话下，对于专业医疗级别的数据分析反馈，也可以实现质的飞跃。

以动态心电图为例，从理论上说，所有动态心电图都应使用 12 导联配置，但在实际应用中，常利用

EASI 导联系统 5 导联，通过运算处理后从中衍生出常规 12 导联和其他需要的导联心电图。在将 5G 技术引入生命体征监测之后，包括动态心电图监测在内的多项监测工作都将出现很大改观。

首先，可以借助 5G 技术的海量连接特性，将所有动态心电图的标准提升到 12 导联，也可以实时监测患者的血压、血糖、呼吸频率等参数。

其次，可以借助 5G 技术大容量的特性，支持多个智能可穿戴设备同时收集患者的健康数据，为医生诊断提供更加立体和全面的数据参考。

最后，5G 低时延的特性可以让诸如 24 小时动态心电图的体征监测升级为实时监测，患者无需等待 24 小时才能看到前一天的健康数据，避免产生病情的延误。

随着 5G 技术与各种医疗可穿戴设备的进一步结合，人工智能、云计算、大数据、边缘计算等技术也会越来越多地与医疗场景结合，届时，生命体征实时监测数据作为各种医疗诊断的基础数据，可以在各类传感器之间实现互联互通，实现医疗数据的实时共享，推动可穿戴医疗设备向大规模互联可穿戴设备发展，使得诊断和治疗的过程更加智能化和快捷化。

5G+远程医疗助力抗击新冠肺炎疫情

2020 年，新型冠状病毒肺炎暴发，在本次抗击疫情的战斗中，5G+ 远程医疗技术的应用对防疫期间的临床治疗和卫生管理等工作产生了深远的影响，为之后 5G+ 医疗的建设工作提供了进一步的思路。

在实际应用中，5G 网络高速率、低时延、大容量特性主要体现在远程会诊上。借助 5G 通信网络，患者可以与医生同步传输高分辨率的图片和视频，帮助医生更快、更准地判断出病情，对于疫情集中暴发时的医疗资源均衡分配起到了重要作用。

在新冠肺炎疫情期间，多所医院借助通信运营商提供的 5G 网络，实现了远程诊断、远程治疗和信息管理。

（1）远程诊断

以乐山市人民医院为例，其在疫情期间开通了城南病区"华西远程会诊"远程问诊系统，完成了 5G 远程医疗问诊系统的搭建工作，并连线四川省卫健委、华西医院的远程诊疗系统。通过 5G 远程诊疗，与华西医院建立病例分享机制，并针对患者病情进行远程诊断交流。

（2）远程治疗

5G+ 远程治疗最早出现在武汉的火神山医院。在火神山医院，各病区主任可以根据患者病情变化，随时提出会诊需求，而专家组则通过 5G 网络，将视频信号连通各病区，把医疗诊断服务送到每一位患者床前，为所有患者的治疗提供借鉴和建议，外地的医疗专家也可以通过远程视

频，与火神山医院的一线医务人员一起对病患进行远程会诊和治疗。

通过配备有移动摄像头的医用推车进入病房近距离拍摄，远在北京的专家可通过视频连线的方式了解火神山病患的实际情况。外面因隔离而心情急切的病人家属也可利用该系统对隔离区病患进行探视。4K/8K 的远程高清会诊和医学影像数据的高速传输与共享只有 5G 网络能够支持。

火神山医院相关专家表示，远程信息技术，特点就是方便快捷，医生可以随时掌握患者的病情，治疗效率很高。另一方面，通过会诊系统，可以集中专家的智慧，集中国内最优秀的医疗资源，提出共同的解决方案，最大限度提高救治成功率。

乐山市人民医院同样在病区部署了实时监控系统和远程治疗系统，一方面可以随时监控患者病情，通过 5G 网络对患者病情发展情况进行云存储和传输；另一方面，也可以通过 5G 远程治疗系统实时查看重症患者的情况和生理数据，由专家组对病情进行讨论分析。

（3）信息管理

由于新冠病毒肺炎疫情在人员聚集的情况下极易发生交叉感染，因此原有的线下会议方式已经不再适用于医院的信息管理工作。在疫情期间，运营商们在 5G 基础上提供的云视频服务为医疗部门之间的沟通协调提供了极大的帮助。例如中国移动免费开放云视讯产品的会议服务功能，提供单次 300 人同时在线的会议服务；中国联通与华为云

也提供了免费的云视频会议服务。

借助原有的会议室硬件终端，以及手机、PC、平板电脑等智能终端，5G 会议系统可实现共享屏幕、视频录制、无线投屏、白板互动等一系列功能，在 5G 高带宽、低延迟的加持下，整个会议过程可以保证语音清晰，视频影像平滑无延迟，对于疫情期间的会议沟通和信息管理起到了良好的保障作用。

5G 技术在新冠病毒肺炎疫情的抗击中只能算作牛刀小试。随着 5G 与物联网、大数据、AI 等技术的进一步结合，未来将进一步实现智慧医疗在 AI 问诊、远程诊疗、大数据跟踪等方面的结合，建立起医院、医生、患者三者之间基于 5G 网络的便捷沟通渠道，提高问诊和治疗的效率。

第8章

5G时代的农业革命——从"粗"到"细"，由繁入简

8.1

智慧种地：让温室大棚变得聪明起来

近年来，伴随着 5G 网络的逐步覆盖，物联网、云计算、大数据等技术也应用到了农业生产的各个环节，智慧农业的概念应运而生。

2020 年，农业农村部、中央网络安全和信息化委员会办公室印发了《数字农业农村发展规划（2019—2025 年）》，其中明确了新时期数字农业农村建设的思路，要求以产业数字化、数字产业化为发展主线，着力建设基础数据资源体系，加强数字生产能力建设，加快农业农村生产经营、管理服务数字化改造，强化关键技术装备创新和重大工程设施建设，全面提升农业农村生产智能化、经营网络化、管理高效化、服务便捷化水平，以数字化引领驱动农业农村现代化，为实现乡村全面振兴提供有力支撑。

所谓智慧农业，就是将 5G 和物联网等高新技术运用到传统农业中，在通信网络的基础上，利用传感器收集农业生产中的各种动态数据，并通过软件对农业生产进行控制。简单来说，就是利用一系列的智能设备收集大气、土壤、病虫害等数据，更加科学地指导农业生产。

例如在小麦、玉米等农作物的种植过程中，可以通过5G网络、无人机、田间物联网共同建立起智能的农作物种植系统，更加精准化和立体化地获取农情数据。在传统的农作物种植中，施肥喷药大多只能凭借历史劳动中积累的工作经验。在5G网络和物联网的帮助下，可以根据当时的气候条件、农作物特性、植物长势等进行更加科学的施肥喷药。

智慧种地示意图

在这个过程中，传统农业中的管理工作已经被物联网设备所取代，如利用各种传感器设备采集降雨、日照、土壤类型、施肥情况等信息，以及突发情况可能引发的动态信息，综合采集这些信息之后，利用信息分析系统进行综合智能分析处理，从而决定农作物耕种的各个环节中，农民分别应该采取什么措施。农民只需要根据各种农作物生产数据的分析结果，进行有据可查的管理工作。

2019 年 5 月，诺基亚贝尔与上海领新农业发展有限公司（以下简称"领新农业"）签署了战略合作协议，一方面通过诺基亚的 5G 和物联网等技术，打造平台化的现代农业服务；另一方面，充分利用市场资源、政策环境，共同建设智慧农业示范园。

在 5G 和物联网方面，诺基亚和领新农业利用诺基亚的 5G 设备和边缘云部署、网络切片等，为智慧农业提供最优的连接技术，通过 5G 技术为自动化监控设备，以及运行在这些设备上的应用程序提供了智慧农业所需的可靠性、连接性和处理能力。

在农业生产方面，基于 5G 网络和物联网平台，打造农田水质、土壤、杂草和病虫害等农业监测系统，为农作物提供细粒度的营养、通风和供水，同时使用无人机等设备对农业生产进行实时监控，以实现快速检测并应对农作物疾病、害虫等，提高智慧农业的综合生产率。

从诺基亚和领新农业的合作不难看出，5G通信技术已经开始深入农业的更多场景，在国家对农村生产智能化的要求下，智慧农业的当务之急就是要实现农业管理的智能化，将传感器和各种智能设备与原有的农业生产相结合，在原有的农场和田地布置传感器收集数据，借助5G技术的海量连接传输到数据中心，进行分析后反馈给管理者。比如使用无人机收集各块田地的基础信息数据，并统一上报给农田管理员，让管理员根据大数据分析，判断需要进行什么样的操作。换句话说，5G+农业让田地的信息快速得到分析，并让"人对田地的命令"快速执行，为生产者提供更加快速准确的农业信息服务，也让各种农业作物可以获得更高的产量。

8.2
智慧牧场：当牧场搭上5G快车

智慧牧场是指利用5G网络、物联网、边缘计算等技术对牲畜所在牧场环境进行监测管理，达到提高牧场生产效率的效果。由于自然环境等因素，我国大型、规模化的牧场主要分布在东北、内蒙古、新疆等北方地区，在牧场的实际工作中，5G网络的应用推广对于推动数字化牧场管理具有重要的意义。例如借助5G技术和传感器技术可以实时采集牲畜、水、土壤、气候等数据，在云计算和云存储的基础上进行信息分享和处理，最终形成牧场精准化运营的大数据分析报告。

2021年2月，新疆电信与新疆华凌5G+牛业田园综合体信息化建设项目在乌鲁木齐市启动，旨在推动新疆传统工业、农业、畜牧业向智慧工业、智慧农业、智慧畜牧业转变，以信息技术带动业态融合，创新推动物联网、区块链、人工智能、5G、生物技术等新一代信息技术与工业、农业、林业、木业等产业的深度融合。

通过5G+牛业田园综合体信息化建设项目，可以使用5G应用对牛进行全程监控，随时追踪牛的体重、体温、心跳等数据信息，进行精准饲喂，每一头牛都有标准化的养殖过程，使传统的养殖业发展成为数字化的养殖业。

肉牛出场后，普通百姓在购买后扫描二维码就能看到牛的饲养周期和喂养饲料，还可以通过视频方式看到饲养肉牛的牧场。

在搭上 5G 快车之后，牧场能实现的不仅仅是监管便利，还可以随时掌握牲畜的育种选择、生长状况、饮食优化和疫情预防等信息，从而按照监测分析系统的结果进行科学喂养和培育。

总的来说，牧场的 5G 信息化建设可以分为以下两方面。

（1）精准化牧场

为解决大规模牧场人力难以监管等问题，英国已将 5G 网络覆盖至多个牧场地区，通过给奶牛安装项圈，在腿部安装传感器，了解牛的实时信息，牧场管理者可以通过智能手机等终端监控奶牛的生产状态。

在瑞士，当地运营商 Sunrise 与瑞士农业研究机构 Agroscope、华为联合打造了一个 5G 农场，为奶牛佩戴上了两种"智能脖环"，一种能记录奶牛的活动量、生理状态等，另外一种可以检测奶牛嘴咀嚼的次数，获得奶牛进食数据。将 5G 应用在农场牧区后，可以增加 35% 的产奶量，并将奶牛的发情检出率提高到 95%。

通过这些案例不难看出，在 5G 技术高速率、大容量、低时延的帮助下，牧场管理员可以为牧场、牲畜等安装设备，例如灌溉系统、奶牛传感器和无人机等，收集关于天气、空气、土壤的实时数据，测量牧草是否缺水或缺少养分等，这些数据会与天气信息和空气信息进行综合分析，进而控制灌溉系统的开关和流量，形成基于 5G 网络的精准操作。

在范围更大的农场中，为了提高巡检的效率，5G 无人机也有了用武之地，通过拍摄牧场内牧草的多光谱图像，并将这些图像通过 5G 网络实时传送到服务器端，系统可以自动识别牧场是否需要施肥浇水，是否允许牲畜进食。

在喷洒农药方面，可以使用配备了 AI 镜头的无人机对牧场内的牧草生长区域进行扫描，以识别杂草聚集生长的区域，并配备农作物喷雾器对这些区域使用农药，而不是对所有区域都使用农药。

这些原本需要体力劳动的工作目前已经由 5G 技术、无人机、自动驾驶等技术帮忙完成，牧场管理员可以将时间和精力放在其他需要发挥人力和智慧的地方。

伯明翰城市大学相关专家表示，农业正在迅速采用变革性的 5G 技术监测环境条件以实现最佳植物生长，并在没有人工干预的情况下跟踪、喂养、监测牲畜。其他例子包括自动耕作、播种和农作物收割，无需人工干预，即使用 5G 连接的农业机械。

（2）智能化牧场

智能化牧场主要关注于提高牧场内的智能化程度，对于一些人工无法实现或者很难实现的工作，通过 5G 网络进行快速的判断和处理。

例如处理杂草，除了使用无人机在杂草聚集地喷洒农药，还可以通过 5G 锄地机械进行智能识别和除草。美国迪尔公司（John Deere）是全球著名的农机巨头，它的"See&Spray"技术使用高分辨率相机，每秒捕获 20 张图像，并通过 AI 识别这些图像属于牧草还是杂草，自动避开牧草和其他农作物并识别和锄去杂草。

与"See&Spray"技术相类似，Cambridge Consultants 开发的 Fafaza 技术将 AI 和边缘计算结合在了一起，通过检测颜色和叶片纹理的差异来分辨植物，从而可

以在牧场中进行植物识别和精确的个性化处理。在5G
网络连接的情况下，Fafaza可以报告杂草的位置，并
将这些信息反馈给牧场管理员。

实际上，影像识别技术只是5G在智能化牧场
中的一个缩影，基于5G的高速率、大容量、低时
延，牧场还有很多应用场景可以挖掘。例如爱尔兰的
Moocall公司在仔细研究了牧场中各种动物行为模式
之后，与当地的电信运营商沃达丰设计了一个尾部传
感器，在小牛即将出生时向牧民发出警报。自2017
年推出以来，Moocall传感器已经帮助牧场安全地生
出了25万多头牛犊。

随着5G和物联网、AI等技术的进一步结合，牧
场中的各类传感器将监测更加细化的牲畜数据，帮助
牧民更好地饲养牲畜，提高牧场的整体生产效率。

8.3
智慧水产：水产养殖更加生态化

在5G时代，不仅仅是农场、牧场等陆地上的农
业生产更加智能化，也可以通过在水中铺设智能物联
网等设备，为水产养殖户提供水质分析、鱼虾健康、

产量预测、养殖风险等信息，提高水产养殖的产量和生产效率，构建起基于 5G 的高标准水产养殖生产系统。

2020 年 10 月，在第六届世界互联网大会上，中国移动浙江公司展示了 5G+ 智慧渔业的部分应用场景与实践项目。

在应用场景方面，通过部署水下高清摄像头，在连接 5G 网络后，可以实时回传水下地形、鱼群高清图片，智慧渔业云平台可根据图片实时诊断鱼群健康状况，并对意外情况进行报警；通过智能网箱及网箱中的各类传感器可以对水质进行监测，实时调控鱼群生长环境中 pH 值、溶氧量、水温等数据；利用 5G 的低时延，智能渔探仪在自动巡航过程中，可以实时控制渔探仪的开始和停止；智能投喂过程中也可以实时控制鱼饵投喂设备。

在实践项目方面，中国移动联合浙江庆渔堂农业科技有限公司、中联智科等合作伙伴在浙江湖州开展了智慧渔业的试点工作，基于 5G 网络大带宽、低时延、广覆盖的特性，通过鱼探仪、高清摄像头、各类传感器、智能网箱等智能终端，实现近海／池塘养殖场的水下勘测、线路设置、鱼群监控、水质检测、智能投喂等功能，有效地帮助养殖企业提升经营收益，带来了万物互联时代的水产养殖新模式。

目前，5G 技术在智慧水产中的应用主要包括以下几个方面。

（1）水质监测预警

众所周知，在水产养殖中，溶解氧、pH 值、水温、ORP、氨氮、亚硝酸盐等环境指标直接关系鱼虾的生死，因此水质监测预警是水产养殖的重中之重。

在传统养殖过程中，水质监测预警主要依靠人工测量和以往的养殖经验。例如溶解氧量偏低多出现在夏季，如遇连绵阴雨，光照条件差，会使浮游植物光合作用强度减弱，加上水中其他有机物的分解，进而导致溶解氧量偏低，造成养殖水产死亡。

在 5G 技术的支持下，目前的水质监测预警主要是通过安装 5G 水质监测传感器，定时对水质自动采样，并借助 5G 技术把采样分析数据实时传输给水产养殖人员，若超过水质的安全要求，水质监测系统会进行自动报警，提醒养殖人员开展补救措施以维持良好的水质，实现水产养殖的精准化和智能化。

2019 年 10 月，海南省首个基于"5G+ 海洋牧场"的示范项目（智能化深水网箱养殖）——网箱生物环境在线监测系统在新村镇深海养殖场试运行，该生物环境在线监测系统是专门为深海网箱养殖设计开发的，通过对网箱内的水温、盐度、溶解氧等生态数据的实时在线监测，实现设施渔业技术、生态修复、健康养殖技术有机融合。

其中传感器部分包括水下观测装置系统和数据采集器。水下观测装置系统在水下 4m 位置，搭载多参数传感器、水下高清摄像头等仪器设备，仪器设备分别通过 20 ～ 40m 独立的水密缆（防水线缆）沿着支撑杆走线接入水密箱数据采集器。数据采集器安装在密封箱内，负责控制水下观测装置系统，对水里温度、盐度、溶解氧、叶绿素等数据进行采集。

5G 通信模块安装在水密箱外侧位置，通过防水线缆接入数据采集器，与岸基移动基站建立通信链路，将观测数据与视频上传至云服务器数据展示分析系统，同时负责转发远程控制指令。

（2）自动投饲

自动投饲应用场景是根据水产的生育进程和生长动态，对水产各生长阶段的长势进行动态监测和趋势分析，进而进行饵料的投喂，从而降低饲料成本，提高饵料利用率。

目前可以使用 5G+IoT 技术 + 自动投喂设备，根据水产的进食情况，进行投喂时间和频次的控制，代替原有的人工管理操作。养殖人员可以通过管理后台或者 App 实时监控水产的进食状况，并进行远程投喂和移动投喂。

（3）水产病害诊断

5G 技术在水产病害诊断方面的应用主要分为两方面。

一方面是水产病害预防。例如海南省智能化深水网箱养殖中，通过 5G 网络技术对网箱内的水温、盐度、叶绿素、溶解氧等生态数据实时在线监测，及时改善水产养殖环境，减少和避免大规模病害的发生。

另一方面是水产病害远程诊断。通过 5G 技术实现水产病害影像数据和病例的实时传送，构建远程的病害诊断系统，实现水产的"在线诊疗"。在偏远地区的养殖区域，只要布置了 5G 传感器和图像收集设备，就可以连接一线城市的养殖专家进行病害诊断。

随着 5G 网络技术和水产养殖的进一步结合，还诞生了海洋牧场的养殖方式。海洋牧场是指在一定海域内，采用规模化渔业设施和系统化管理体制，利用自然的海洋生态环境，将人工放流的海洋经济生物聚集起来，像在陆地放牧一样，对鱼、虾、贝、藻等海洋资源进行有计划和有目的的海上放养。

在海洋牧场中，更加需要借助 5G 技术进行种苗生产和放流、生态环境监控、无人船动态监测、水下传感器监测等工作，结合物联网、云计算等技术，实现对海洋牧场的智能管理和生态化养殖。

以国内首个 5G 海洋牧场平台"长渔一号"为例，2020 年 6 月，中国联通山东分公司为"长渔一号"搭载了 5G 通信基站，利用 5G 网络高速率、低时延、大连接的特点为海洋牧场定制 5G+ 全景海洋牧场应用，助力打造首个国家级 5G 海洋牧场示范区。

通过基于 5G 传输的水下视觉监控系统，海洋牧场管理人员通过监控指挥大屏或者直接使用手机就可以观察水产生长情况，并通过图像 AI 智能分析直接获取水产生长数据，更有效地管理牧场养殖水域水产生长质量，实现科学调整投喂计划。

"长渔一号"平台配备的风力自动投饵机，可以配合分配器实现多达 64 个投喂点。通过基于 5G 的远程投喂控制系统，未来海洋牧场指挥中心可根据不同海域，不同网箱水产生长情况，直接远程管理各海洋牧场饵料投喂，从而将饵料精准分配至与平台相连的每个网箱，在满足自动化养殖需求的前提下提高饵料利用率。

同时，平台上还搭载了海洋牧场大数据监测系统，利用 5G 技术可实现气象、水温、水质、流速、流向等海洋数据的实时监测。基于 5G 网络的海洋环境监测系统对深海网箱水质、水文环境及内部状况进行实时在线监测，为网箱养殖科学管理提供数据基础及技术支撑。

在 5G 通信技术的支持下，未来的水产养殖必然是万物互联的新模式，传感器、高清摄像头、养殖网箱等各类智能终端将以更大规模投入到水产养殖中，基于 5G 网络大带宽、低时延、广覆盖的特性，实现水产养殖的实时监测、鱼群监控、水质检测、智能投喂等功能，实现智慧水产的升级，提高水产企业的养殖效率，解放传统水产养殖的劳动力，实现数据共享和产品回溯，保证最终消费者的食品安全。

"5G+智能农机"正式投入作业

5G 社会中，农业生产效率的重要性更加凸显，自动化、智能化的农机设备为替代人工作业和提高生产效率开辟了新思路。

无人机喷洒农药，每小时作业量可达50～80亩，效率是人工的40～60倍。

自动导航拖拉机，每小时工作效率提高30%左右，生产成本降低30%以上。

这些以前看起来是天方夜谭的事情，在5G时代已经变成了现实。目前我国的小麦、玉米、水稻以及大豆、棉花、花生、油菜等农作物都可以实现生产智能化和无人化，无人机和自动导航已经在农业生产中发挥着越来越重要的作用。例如海南三亚热带蔬菜园区采用植保无人机进行农药喷洒，每小时可以完成近百亩的作业量，节约50%的农药使用量及90%的用水量；新疆生产建设兵团采用有自动导航和辅助驾驶系统的拖拉机种植棉花，极大地解放了劳动力。智慧农机成为农民在田间耕作的好帮手。

2020年9月，四川省首个"5G+智慧农机"在成都崇州市农业产业功能区万亩优质水稻田投入作业。在5G网络的支持下，智慧农机在稻田中自动规划路线、自动转弯，自如进退、精准作业，每小时可以娴熟地收割5～10亩稻田。"5G+智慧农机"主要具有三大特色功能。

（1）无人作业

在稻田管理者下达远程指令后，智慧农机可以通过雷达的不间断扫描，探测作业环境中障碍物信息，根据所处环境及时调整行走策略，实现智能避障、远程遥控、无人驾驶等功能。

（2）集中管理

过去，农民劳作需要日复一日地面朝黄土背朝天，可以并行开展的工作基本不存在。而有了智慧农机之后，通过智能终端就可以实现远程"1人对多机"的操控与管理。农民只需要面对着电脑或手机终端，就可以控制多种机械完成农业生产，极大地提高了工作效率。不久的将来，农民需要掌握更多的智慧农机操作知识，农民将成为技术含量较高的职业。

（3）大数据分析

5G技术与智慧农机的结合不仅仅体现在无人作业上，而且还引入了大数据技术作为指导农机决策的标尺。根据在不同场景中的作业数据，5G网络将每一台智慧农机收集的作业数据进行实时共享，实现智慧农机的知识共享和自我学习，让智慧农机真正智慧起来，而不仅仅是冷冰冰的机械。

在5G+智慧农机方面，中国移动与四川省农业科学院、崇州市等计划在实际生产中逐步实现农机智能驾驶与作业、农产品快速溯源监管、远程无人农机作业、农业数据实时收集等，进一步加快农业现代化的进程。

第9章

5G时代的智慧城市——科幻电影成为日常生活

9.1

智慧家居：身未至，心先到

在 4G 时代，智慧家居产品已经开始大量进入人们的日常生活，智能电视、智能冰箱、智能空调等家用电器已经成为很多家庭的标配，但在实际使用过程中依然会时常发生网络延迟的不良状况，而 5G 时代的到来则让智慧家居的发展进入快车道。

在 5G 技术海量连接的支持下，IoT（物联网）设备连接数量将得到指数级增长，底层结构、操作系统、算力芯片都会迎来一次升级换代。由于 5G 通信网络具有更好的网络稳定性、灵敏度以及较高的传输效率，能够为智慧家居中不同的组件连接提供可靠的网络保障，因此，在 5G 时代，智慧家居的用户体验和市场前景将全面提升。小米、华为等互联网厂商正是看到了智能物联网的潜力，才加大了在物联网和智慧家居方面的投入。

小米在 2019 开发者大会上表示，在"手机 + AIoT（人工智能物联网）"双引擎战略指引下，小米将持续推进"5G + AIoT"的下一代超级互联网成为大众生活的一部分。小米作为智能生活的领先者，将充分发挥小米 AIoT 全球领先的优势，利用核心技术助力家居产业升级，推进智能家庭的建设。

同年 8 月，华为在 5G 智慧生活体验会上，首次集中展示了全场景智慧家居生活，包括华为 5G CPE Pro、华为 AI 音箱及华为智选生态产品。例如华为 5G CPE Pro，不仅是 5G 终端路由，也是智能家居的连接中心，其提供了 5G 无线信号与传统有线宽带相结合的服务技术，并能够轻松、稳定接入更多华为 IoT 设备，保证它们长时间稳定运行。

总的来说，5G+ 智慧家居涉及的产业阵营相对较多，上游包括智慧家居设备商和元件设备商，中游和下游包括各大互联网巨头和通信运营商。作为新兴产业，这些产业阵营都在各自的领域内有一定的竞争优势。

但在整体的智慧家居领域，5G + AIoT 将是全连接的生态时代，协议与协议之间、设备与设备之间、设备与平台之间，都将打破原有的孤岛效应，促进不同设备和平台之间的联动，让智慧家居的概念深入人心。

对于智慧家居设备而言，用户一般会通过电商平台或者线下渠道采购单个设备或部分产品，根据自身的需要进行个性化搭配。对于全屋空间的智慧家居，则多由厂商提供已经成熟的整体解决方案，主要包括

高清智能电视、移动摄像头、智能门锁、智能猫眼、
智能对讲机等，5G 技术将把这些产品进行基础技术
层面的升级，实现云端＋边缘计算方式下的存储计算，
更好地实现"身未至，心先到"。

灯光场景控制　　窗帘控制　　新风控制

高清网络监控　　　　　　　　　　暖通控制

报警系统　　　　　　　　　　　　防盗电动卷帘

自动灌溉系统　背景音乐系统　智能影音控制　自动识别系统

智慧家居结构图

（1）智慧家居+海量连接

现阶段，大部分用户常用的智慧家居设备可能都
在 10 个以下，比如智能电视、智能音箱、智能门锁、
智能空调、智能开关等。但随着 5G 技术的落地，将
来的智慧家居设备将成倍增加。换句话说，目前狭义

的智慧家居主要指终端设备，而未来广义的智慧家居设备则包括所有可以内置 AIoT 芯片的物体，例如瓷砖、衣柜、书桌等日常用品，5G + AIoT 将赋予所有家居类物体存储运算的可能性。

这也改变了不同厂商的智慧家居设备无法互联互通的状况，设备、平台和协议的标准化和规范化将彻底打破智慧家居设备单兵作战的现象，实现任意两个智慧家居设备之间端到端的数据通信。

（2）智慧家居+物联网

智慧家居和物联网的结合主要体现在对智慧家居的控制上。传统的家居设备主要靠物理按键进行操控，用户在实际使用中极易受到空间和设备本身的限制，而物联网则突破了空间的限制，从各种语音助手的出现，到智能网关实现远程控制和联动控制，5G+智慧家居将大大降低远程操作和反馈的时延，真正实现远距离实时反馈，避免通信延时带来的操作局限，真正实现"运筹帷幄之中，决胜千里之外"。

比如物联网在 5G 门锁中的应用，智能门锁设计的初衷在于如果有盗窃事件或者未锁门事件发生，智能门锁能够以最短时间向用户反馈有关的信息，这与传统的门锁几乎已经是侧重点完全不同的产品了。

通过新增的锁舌安全传感器，当用户因为种种原因未关好门的时候，手机上的 App 会发送预警信息来提醒用户门没有关好。对于一些有强迫症的用户，也不用一遍遍确认自己是否关好了门。除此之外，在 5G 快速传输速率的支持下，还可以将实时的高清视频同步给用户，帮助用户确认家中的安全情况。

（3）智慧家居+人工智能

从目前来看，智慧家居的硬件、内容和数据都在飞快地 AI 化，以智能语音和人脸识别为代表的产品已经经历过一轮革新，但除硬件、内容和数据之外，网络技术其实并没有太大进步。

随着更多智能硬件加入智慧家居的阵营，4G 网络已经明显跟不上这个节奏，只有 5G 网络切片技术可以区分业务、区分功能，使配套的硬件适应不同规模的业务流，让云端、边缘计算和硬件终端更加完整地发挥出应有的能力，实现任意场景的联动，让智慧家居设备的分析判断能力和决策能力更加快速、安全，让用户体验到智慧家居对日常生活的实际改变。

5G 也让以往单个智慧家具设备实现了功能和连接上的延伸，真正实现了万物互联。

硬件方面，智慧家居已经可以支持云端存储分析及边缘计算，比如智能冰箱和智能空调等都与室内环境温度进行联动，根据实际环境进行温度调节；智能电视成为智慧家居可视化控制中心，通过智能电视的大屏实现对于智能音箱、可穿戴设备的全局控制；可穿戴设备也不仅仅是 4G 时代简单地检测人体健康数据，而是成为在室内完成设备控制的"遥控器"。

软件方面，智慧家居逐步实现与交通、气候和本地生活的打通，使智慧家居成为智慧城市的有机体，不再局限于单个家庭内的智慧家居，而是可以响应全方位的场景，实现智慧家居随时随刻为人服务的目的。这一系列的改变都有赖于 5G 网络的大带宽和高响应效率。

不夸张地说，目前所能看到的 5G 智能控制只是智慧家居的初级阶段，5G 智慧家居远不止这些功能和场景。伴随 AI、物联网和云计算技术与 5G 技术的进一步结合落地，智慧家居领域将实现更深层次的人机交互。当然，在这个过程中，也存在着一些问题需要去解决，例如目前大部分智慧家居的终端设备要通过户内无线网络相连接，直接连接 5G 网络的往往只有手机端；在 5G 正式使用之后，如何解决智慧家居可能存在的隐私问题。再例如，目前部分智慧家居的 AI 算法是在用户个人习惯的基础上向用户提供更加个性化的体验服务，这部分 AI 算法能否跟得上 5G 网络在智慧家居的部署进程。这些都是 5G+ 智慧家居在未来发展中所要面临的问题。

9.2
智慧照明：实现照明系统低功耗化

路灯作为城市建设的重要组成部分，本身具有分布广、场景多等特点。在 5G+ 智慧城市建设、发展中，路灯也是重要的 5G 终端载体，把路灯杆当做载体，集合 5G 技术和智能化产品，可以同时实现智慧照明、环境信息采集和道路监控等多项功能。

早在 2018 年，北京亦庄经济开发区就建成了 700 盏智慧路灯，在实现照明、探头监控等功能的同时还安装了电子屏幕、电子路旗、Wi-Fi 信号接收 / 发射器等设备，具有 5G 通信、执法调用街头监控图像、电子屏幕宣传、Wi-Fi 网络覆盖等多种功能。路灯上的这些装置都与网络和平台系统相连，为当地夜间照明、日常出行和环境监测等提供了良好的基础条件。

从这个角度可以说，智慧路灯既是智慧城市建设的基础，也是 5G+ 物联网的主要数据来源。随着 5G

网络基站、环境物联感知、无人驾驶车联网等功能的完善，人工智能、自动驾驶、工业自动化等应用场景都可以在智慧路灯的基础上顺利展开。

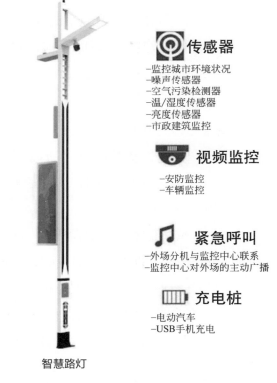

⚡ 智能照明

-基于高度均匀地配光
-智能单灯/集中控制器
-多种模块化设计灯头可选

▶ 信息发布

-广告播放
-时政新闻
-信息发布

📶 无线射频识别

RFID
-特殊人群监控
-窨井盖监控
-社区安防监控
-市政设施监控

📶 无线网络

-内嵌Wi-Fi热点
-内嵌4G、5G微基站

◉ 传感器

-监控城市环境状况
-噪声传感器
-空气污染检测器
-温/湿度传感器
-亮度传感器
-市政建筑监控

📹 视频监控

-安防监控
-车辆监控

♫ 紧急呼叫

-外场分机与监控中心联系
-监控中心对外场的主动广播

▥ 充电桩

-电动汽车
-USB手机充电

智慧路灯

在以往的通信网络基站建设中，常常会出现重复建设、资源大量消耗、建设成本高等问题，加上5G基站的数量将会达到4G基站的数倍以上，为了实现通信基站建设的集约化和智能化，智慧路灯和5G基站的结合成为一个顺理成章的切入点。

基站按照覆盖半径可以分为宏基站和微基站。其中，宏基站的覆盖范围大，一般进行大范围的广域覆盖，微基站覆盖半径小，部署在热点地区进行深度覆盖，用于解决宏基站的盲点和信号弱点。

智慧路灯自身具有通电、联网等功能，能够满足5G网络微基站建设的要求，同时还具备集约化和智能化的特点，使得智慧路灯成为5G+智慧城市建设中不可缺少的一环。

（1）智慧路灯分布广、密度大

首先，智慧路灯之所以可以作为5G基站的首要条件是它分布范围广、密度大，非常适合5G超密集组网的实际要求。

5G的频率比4G更高，这也意味着覆盖范围小，5G微基站的覆盖范围大概在200m左右，而为了满足照明需求，路灯之间的距离一般在30m左右，这也意味着路灯的分布密度完全可以满足5G微基站的要求，即使同时为多家电信运营商提供建站服务也可以满足。

（2）智慧路灯避免重复建设

5G基站的另外一个问题是供电，如果对微基站进行电缆铺设和建设，会造成基础设施的重复建设。而在城市基建设施中，具备供电功能、使用情况稳定且不影响市容的设施，首选就是路灯。

智慧路灯供电系统可以解决 5G 微基站的电缆铺设问题，而且外形具有一定美观性，不会影响人们日常生活的环境。

（3）智慧路灯资源消耗少

除了电力资源消耗少，智慧路灯对于人力财力的消耗也相对较少。由于可以作为 5G 微基站的载体，在进行智慧城市设施建设时，不需要重复投入经费，在出现问题时，也可以综合使用电力系统和通信系统的维修人员进行施工作业。

那么相对于传统路灯而言，智慧路灯应具备哪些功能呢？

① 通信能力。智慧路灯作为 5G 微基站的载体，首先应该具备的是通信能力，一来可以作为光网络的光纤节点，二来加装移动通信天线可以当作微基站，这两项都是解决 5G 时代基站密分布问题所需要具备的能力。

② 感知能力。智慧路灯覆盖范围广、密度大的特点注定了它会作为物联网传感器的载体，可以在环境检测和视频监控等方面发挥重要作用。

③ 存储能力。不管是通信能力还是感知能力，都离不开存储能力的支持。例如在实现视频监控方面，需要监控摄像头、本地硬盘及云端存储的支持，才能实现前端收集资料和云端分析。

④ 扩展能力。智慧路灯作为智慧城市建设的切入

点，在 5G 技术的支持下，可以与智慧交通、车路协同、智能停车、智慧安防等多个场景结合起来，具备丰富的扩展能力。

智慧路灯可以通过挂载 5G RSU 设备与 OBU 设备，将交通信息、交通事件等实时交通状态通知驾驶人员，支持道路智慧化管理，为驾驶人员指明限行或拥堵状态；智慧路灯也可以通过挂载传感器设备，与车联网平台实现车路协同，借助 5G 网络的高速率和本身的广覆盖，快速实现城市的车路协同建设。

不难看出，智慧路灯不仅可以作为 5G 基站的载体，为 5G 在实际生产生活中的应用奠定建设基础，而且可以提高智慧城市的建设效率。在实际应用中，加载了 5G 微基站的智慧路灯应根据通信供应商实际需求进行建设，并按照智慧城市中对于通信、照明、交通等多方面建设的需求，选择不同的规格，为 5G 的建设发展添砖加瓦。

9.3
智慧安防：无处不在的天眼

智慧城市的另外一个建设重点就是智慧安防。近年来随着 5G 网络、高清视频和人工智能的发展，智慧安防的前端设备已经可以基于机器视觉和人工智能等研究成果，为人们提供强大的图像感知、识别能力，而后端平台在云计算、大数据的支持下，也在信息分析统计和城市安防识别等方面有了突飞猛进的发展。

在这个过程中，5G 网络的重要性主要体现在各层级之间的无缝关联和传输。在智慧安防"云网端"三级系统均得到不同程度提升的同时，5G 技术解决了带宽和传输速率对于系统的限制。

（1）前端方面

智慧安防中的视频监控、人脸识别、防盗报警等安防系统都将得益于 5G 技术的高速率、低时延特性。在前端设备获取信息之后，可以及时将原始信息进行分析统计，更快地发现安防中存在的问题。

首先，智慧安防的视频分辨率已经获得了大幅度提高，部分摄像设备已经从高清视频进一步向 4K 和 8K 超高清过渡，为港口、矿山等特殊场景下的视频监控提供支持。

但仅仅有获取高分辨率的摄像设备还不够，如果没有传输速率的保证，再高清的视频资料也只能在本地存储。5G 则解决了原来的传输速率低、画质不清晰等问题，使得高清视频在不同设备之间快速传输成为现实。

其次，智慧安防要求在恶劣环境下依然可以实现视频采集。无论昼夜、阴晴、雨雾、风沙，智慧安防都能进行全天候的视频采集工作，真正实现了无处不在的"天眼"，这就对视频采集设备和通信网络提出了更高的要求。

① 更大的带宽。全天候的视频监控要求智慧安防所使用的带宽既能支持高速率的单路上行带宽，又能支持多路并发回传。例如港口等场景，有多路高清视频回传的需求。对于采用 8192×4320 分辨率、H.265 视频编码的单路 8K 视频，其带宽需求为 40 ～ 60Mbps；AR、VR 等新型业务对于通信网络带宽的需求更加强烈，必须采用大带宽的 5G 网络。

② 更低的时延。安防工作中，涉及远程操控，对于时延的要求非常严苛，5G 网络的低时延对于远程安防操控也非常重要。

③ 更稳定的传输质量。在视频采集过程中，稳定的传输质量是基本要求，可以避免视频在播放过程中出现卡顿、花屏等问题。

这些智慧安防下的新需求，对于原有的 4G 网络是不小的挑战，其无法满足在特殊场景及恶劣环境下的视频资料收集与传输。

最后，现在的智慧安防不仅要求高清视频的收集和传输，还要求机器从视频中检测、识别和提取人、车、物等有效信息，借助机器学习的力量完成人脸识别、精准查找、大数据分析等功能。随着视频中有用信息的增多，对于通信网络的要求也随之增加。

（2）云端方面

在云端方面，由于5G网络允许更多类型的传感器接入智慧安防系统，原有的数据类型和数量将会出现爆发式增长，这些数据的传输、存储和分析，都需要5G网络提供对应支持。

2021年3月1日，广东省第二人民医院与华为技术有限公司在"广东省第二人民医院全场景智能战略发布会暨华为医院智能体峰会"上，展示了医院内智慧安防的使用场景。

在全场景智能医院里，当人们踏进医院大门，就进入了5G视频"天网"监控区域。通过布控500多个具有数据分析功能的5G+AI摄像头，可实现人脸识别、电动车识别、人群超密度识别、越界识别等多项智能功能。一旦发现可疑人员和行为，会立即提示安保人员及早介入处理，保障患者和医护人员的人身安全。同样，一旦感知到火灾隐患，系统会立刻报警，避免大规模火灾导致的人、财、物损失。

具体来看，5G 网络是如何支持智慧安防的发展呢？

第一，低时延。

除了大带宽特性，低时延是智慧安防中机器巡检、AR/VR 等场景实现的必要条件。例如，对于机器自动巡检而言，5G 网络可以支持图像实时回传，高效完成巡检任务，在 AI 算法的帮助下，还可以反向控制生产过程，自动解决生产中存在的安防问题；对于 AR/VR 而言，前文中已经介绍过低时延对于 MTP(Motion To Photons) 引起的 VR 眩晕具备极佳的改善作用，可以大大改善人们使用 AR/VR 技术解决安防问题的体验。

第二，海量连接。

早在 1999 年，人们就提出了将物联网与安防产品结合起来的"物联网安防"概念，包括安全防护、楼宇安防、智能家居、智能交通、智能医疗、智能环保等多个领域。

时至今日，智慧安防系统的出发点就是把物联网与安防产品结合起来，从而使安防产品智能化。在生活中，可以对重大灾害、重大疫情进行响应与指挥；在防控事件处理中，可以解决治安事件、交通管理等问题；在行业安全应用中，可以适用于安全生产、安全管理等场景。可以说，物联网是智慧安防的基础所在。

数据显示，2010 ~ 2018 年，全球物联网设备连接数由 2010 年的 20 亿个增长至 2018 年的 91 亿个，复合增长率达 20.9%。预计到 2025 年，全球的物联网设备联网数量将达到 252 亿个。

在如此多的物联网设备背景下，5G 网络的海量连接特性将支持智慧安防系统获得更加翔实的环境、生产和人员信息。通过对这些数据的处理，有助于安防决策人员通过更多维度的数据做出更加科学的安防决策。

第三，边缘计算。

随着 5G 网络的进一步覆盖，未来的工业生产场景中，5G 网络将逐步替代传统 Wi-Fi 和有线连接。在此前提下，通过 5G 网络获取的业务数据将在边缘云（MEC）中处理，而不会通过公网传输。传统组网模式下原本业务延时可能在几十到几百毫秒，在边缘云组网模式下，延时将降低到毫秒级。同时，由于业务数据不在公网传输，5G 网络下数据端到端的安全性也得到了保障。

第四，人工智能。

从模拟时代解决"看得见"问题，到数字时代解决"看得清"问题，再到近几年通过人工智能助力违法事件研判和安防检测等，人工智能与智慧安防的联系一直很密切，尤其在人、车、物的识别方面。随着城市规模和人流量的增大，人工智能在人员密集区域的安防监控尤为重要，未来的智慧安防必将从原来的"人看"发展到"机器看"，监测机制也必将从原来的"人定"向"机器研判"演进。

广大芯片厂商纷纷针对智慧安防交出了自己的答卷，通过支撑深度学习神经网络计算视觉处理，实现目标（机动车、非机动车、行人）分类和属性（车型、颜色、车牌）识别的能力。

海思推出的"昇腾"系列芯片作为专门的机器视觉应用的安防 AI 芯片，在网络架构安全、差异化安全和开放能力等方面都提供了新的能力。

① 保障新型网络架构安全：提供 SDN/NFV 安全机制，保障虚拟资源、软件资源、数据、管理及控制数据的安全；提供网络切片安全机制，切片安全隔离、安全管理。

② 支持差异化安全：提供按需的安全保护，满足多种应用场景的差异化安全需求。

③ 开放安全能力：支持数字身份管理、认证能力等安全能力开放。

未来，随着 AI 芯片的处理能力进一步发展，智慧安防和人工智能的结合将更加紧密。届时，前端的摄像设备可以完成在视频资料收集过程中全量特征结构化，结合 5G 网络下的边缘云计算，达到核心网和边缘云计算的性能最大化，推动智慧安防进一步智能化。

未来，智慧安防的重心将从前端设备智能化向安防系统智能化发展。智慧安防作为智慧城市、智慧交通、智慧医院、智慧港口等应用场景下不可缺少的组成部分，将在 5G 网络的支持下，完成更高层次的数据融合、综合运维、人工智能等，推动以智慧安防为核心的各细分领域的应用快速落地。

案例 5G

5G巡逻机器人上岗，为交通枢纽提供智慧安防

在日常生活中，虽然巡逻的工作难度不大，但是却会消耗大量的人力、物力、财力，在商场、小区、道路等场景下，都需要有专门的人员负责巡逻。在此背景下，巡逻机器人综合运用物联网、人工智能、云计算、大数据等技术，集成了环境感知、动态决策、行为控制和报警装置，具备自主感知、自主行走、自主保护、互动交流等能力，可帮助人们完成基础性、重复性、危险性的安保工作，推动传统的安保服务升级，降低城市管理、安防管理和道路管理过程中投入的人力成本。

案例

5G

在 4G 时代就已经有巡逻机器人了，但由于网络传输速率和时延的原因，尚未展开大规模的应用。随着 5G 时代来临，数据传输速率进一步提升，为"5G+ 云平台 + 巡逻机器人"整体解决方案带来低时延、支持海量连接等特性，让巡逻机器人实时处于联网状态，并与其他智能终端和云平台做到连接交互。在此背景下，国内多个厂商的 5G 巡逻机器人先后"上岗"。

① 2019 年，厦门市首个路面巡逻 5G 警务机器人"鹭小警"正式上岗。

"鹭小警"最高行驶速度为 1.5m/s，续航 7h，可跨越 0.1m 的台阶，可以原地转弯，配备了四重导航安全机制，包含 3D 激光雷达、超声波阵列、双目立体相机等，可以在划定的范围内巡逻并智能避障。

基于 5G 网络，"鹭小警"通过 7 个智能摄像头采集高质量的语音、画面，并传至厦门市思明公安分局指挥中心。同时，基于 5G 网络的精准导航定位，"鹭小警"可以在指定位置进行安防语音播报、反诈骗宣传等。

② 2020 年疫情期间，长沙火车南站 5G 智能疫情防控巡逻机器人上岗。

疫情防控巡逻机器人装载 5 个高清摄像头，可在 5 米内一次性测量 10 人体温，温度误差在 0.5℃，一旦发现市民体温高于 37.3℃即自动报警，主要用于对过往旅客进行严格的体温检测。旅客只需要从疫情防控巡逻机器人面前经过，机器人就可以采集旅客的实时体温，并呈现在机器人的显示器上。疫情防控巡逻机器人装配全景摄像头，即使是在人流密集的车站，也不会漏掉任何一名旅客的体温数据。

③ 2021年2月春运期间，佛山交警巡逻机器人正式投入使用。

交警巡逻机器人不需要对道路进行适应性改造，能以高速公路现有的护栏为轨道，自动实现前行、倒行、停止等运动状态，运行速度约5km/h，最大速度20km/h，一次充电可持续行走8～12h，最大巡逻路程可设置单程5km。

交警巡逻机器人具有抓拍交通违法行为、巡逻监控、违停预警、路面异物检测等功能。一旦有车辆试图违法驶入应急车道，就发出语音警报，可对违法停车等交通违法行为实时抓拍，从而弥补警力的不足，及时消除安全隐患，有效预防事故的发生。

据统计，在2021年1月18日到2月4日的春运期间，"巡逻机器人"抓拍各类交通违法50多宗，及时消除交通安全隐患5次。

除了智慧安防等方面，智能机器人在交通、教育、养老等多个领域中都能发挥重要作用，将逐渐成为新型智慧城市建设的关键基础设施。

2021年3月，国家发改委等13部门联合印发《关于加快推动制造服务业高质量发展的意见》，提出利用5G、大数据、云计算、人工智能、区块链等新一代信息技术，

大力发展智能制造，实现供需精准高效匹配，促进制造业发展模式和企业形态根本性变革。

相信在不久的将来，越来越多类型的智能机器人将在智慧城市和智能制造的建设过程中大放异彩。

5G

第**10**章

5G时代：机遇与风险并存

10.1
消费者是否能切身感受5G便利

　　2021 年，工信部印发《"双千兆"网络协同发展行动计划（2021-2023 年）》提出，到 2021 年年底，千兆光纤网络具备覆盖 2 亿户家庭的能力，千兆宽带用户突破 1000 万户，5G 网络基本实现县级以上区域、部分重点乡镇覆盖，新增 5G 基站超过 60 万个。

　　同时，据各省通信管理局数据显示，大部分省份在 2021 年都新增 1 万～ 5 万个 5G 基站，以山东为例，其 2021 年新建超过 4 万个 5G 基站，力争建成并开通 5G 基站 10 万个。

　　这些数据看起来非常具有诱惑力，但 10 万个 5G 基站够山东全省使用吗？恐怕未必。以最先实现 5G 商用的韩国为例，仅在首尔一个城市附近就建成了超过 5 万座 5G 基站，仍无法实现 5G 信号的完全覆盖，那么对于山东全省而言，10 万座 5G 基站也未必可以实现信号覆盖全省。

　　毋庸置疑，相比于 4G 网络，5G 网络的各项设计指标和性能都有大幅提升，这一点在前文中已经做过多次论证。但与此同时，由于 5G 基站使用高频频段电磁波通信，相较于 4G 基站，传输距离会出现大幅缩短的现象，覆盖能力也会随之大幅减弱。换言之，覆盖同样大小的区域，需要的 5G 基站数量将大大超过 4G 基站。据中国工程院院士邬贺铨预计，5G 组网需要的基站的数量将是 4G 的 4 ～ 5 倍。

这就带来了两方面的问题：一是运营商的设备采购成本会大大增加；二是运营商后续的运营成本会持续增加。

（1）运营商采购成本的增加

建设一座 5G 宏基站需要的硬件费用大概在 30 万元左右，如果算上人工，一座 5G 宏基站需要的成本在 40 万 ～ 50 万元之间，以山东省为例，2021 年新增 4 万个基站，所需要的成本大概在 160 亿元，这对于电信运营商而言，是一笔巨额的成本支出。

（2）运营商运营成本的增加

5G 基站建成后，运营商面临着高额运营成本的压力。

以电力运营成本为例，在 5G 通信网络中，能耗主要集中在基站、传输、电源和机房空调等部分，这几部分消耗的电费占到了运营商总运营成本的 15%。

其中，基站是整个移动通信网络能耗的主体，占整个网络能耗的 80% 以上。在基站之中，又以 AAU

（有源天线单元）、散热系统等组件能耗较大，BBU
（负责处理计算的基带单元）功耗相对较小。

中国通信标准化协会的数据显示，目前主要运营
商的 5G 基站主设备空载功耗为 2.2 ~ 2.3kW，满载功
耗为 3.7 ~ 3.9kW，是 4G 基站的 3 倍左右。

据中国铁塔的公开资料显示，目前国内主流的几
家设备厂商的 5G 基站单系统的典型功耗分别为：华
为是 3500W、中兴为 3255W、大唐为 4940W。与此
同时，爱立信、诺基亚、三星等 5G 基站的功耗也在
3000 ~ 5000W 之间，没有太明显的功耗优势。4G 基
站的单系统功耗仅为 1300W，是 5G 基站功耗的 1/3。

以平均 1.3 元 /（kW·h）的专供电价计算，一个
4G 基站每年的电费是 20280 元，一个 5G 基站每年的
电费将高达 54600 元。以工信部《2020 年通信业统计
公报》中所公布的 71.8 万个 5G 基站为准，每年的电
费开销高达 392 亿元。

根据三大电信运营商 2020 年年报数据显示，三
大运营商共取得净利润 1412 亿元，如果 71.8 万个 5G
基站都启动工作，电费就够三大运营商头疼的。

为何 5G 基站功耗上升如此之多？据调研机构
EJL Wireless Research 透露，5G 基站的能耗上升，部
分原因是引入了 Massive MIMO（多天线技术），因为
4G 基站主要采用 4T4R MIMO，而 5G 基站则采用了

64T64R MIMO，这从根本上增加了 5G 基站的总功耗，也为 5G 基站的建设带来了重新引电等一系列问题。

目前，为了解决 5G 基站能耗过大的问题，国内部分运营商采取了"AAU 深度休眠"的措施，AAU 空载状态的深度休眠功能是指当基站业务处于长时间的闲时状态下，由于无 5G 用户接入，AAU 设备可以关断大部分有源设备的供电，进入休眠状态，从而实现降低 AAU 空载功耗的目的。这对于用户而言几乎没有任何影响，但对于运营商而言，却为其节省了高额的电费和其他维护费用。

2020 年，中国联通洛阳分公司分别对已经入网的 3 种不同基站射频单元设备（AAU），分不同时段定时开启空载状态下的深度休眠功能，从而实现智能化基站设备能耗管控的目的。比如，对于未进行单站验证或单站验证完毕的站点，全时段开启 AAU 深度休眠功能；对于正在进行单站验证的站点，在晚上九点到次日早晨九点期间开启 AAU 深度休眠功能。

国内尚且不足以为所有用户全时段提供 5G 网络服务，国外亦然。以日本为例，虽然日本的通信运营商在向总务省提出的 5G 使用计划中，预定 2021 年 3 月底为所有的都道府县提供 5G 服务，但实际上，由于 5G 网络覆盖的区域有限，需要建立大量的基站才能实现信号广泛覆盖，加上功耗巨大等问题，短期之内也无法建立如此之多的 5G 基站，包括 NTT Docomo 母公司日本电报电话公司总裁泽田纯在内的许多业内人士认为，5G 服务在 2025 年左右才能在日本全国普及。

5G 基站建设所面临的问题和高额费用，一方面会延缓 5G 网络建设的推进速度，另一方面也会将费用成本转嫁到消费者身上。目前来看，三大运营商入门级别的 5G 套餐均为 128 元左右。以中国移动为例，其 5G 套餐起步价为 128 元，包含 30GB 的流量以及 500min 的语音通话，最高套餐资费达到了 598 元，包括 300GB 的流量以及 3000min 的通话。

那么 5G 套餐内含的流量可以用多久呢？

以最低 100Mbps 的速率来估算，128 元的 5G 套餐中所包含的 30GB 流量其实只能用 41min 左右。

$30GB \times 1024（MB/GB）\times 8（bit）\div 100（Mbps）\div 60（s/min）\approx 41min$。

最贵的 598 元的 5G 套餐中，包含了 300GB 的流量，按照最低 100Mbps 的网速测算，最多也仅可用不到 7 个小时。

如果真的以 100Mbps 的速率使用 5G 套餐，128 元的起步套餐是明显不够的。因此，对于个人消费者而言，相对 4G 套餐的价格，5G 套餐的价格还是较高的。而且，对于部分消费者而言，5G 网络似乎也并非必需品。

虽然 5G 套餐给用户提供了更多的流量和更多的语音服务，今后可能会有更多的个性化套餐可以选择，但这仅仅是通信服务套餐和收费标准的改变，并不是 5G 技术给人们生活带来的改变。

对于部分消费者而言，如果他们对于网络传输速率不是那么敏感，目前的 4G 网络已经完全可以满足他们日常生活中影音视频和在线游戏等娱乐需求。虽然手机屏幕的尺寸和分辨率等参数在不断进步，但整体来说，还是基于 iOS 和安卓系统的移动设备，并没有给用户带来更多新的体验。如果还是以 iOS 和安卓系统的智能手机来体验 5G 带来的服务，消费者可能并不会得到更多的满足。

换言之，通信网络虽然从 4G 升级到了 5G，但是移动终端和与之配套的服务和内容依然停留在 4G，原有的终端、服务和内容并不能完全发挥 5G 网络大带宽、低时延和海量连接等特性。

这种情况跟 3G 网络运营的初期有几分相似之处，均处于配套应用不成熟、需求不旺盛的阶段。

早在 20 世纪 90 年代，高通公司就研发出了基于 CDMA 的 3G 技术。但当时大家的通信需求仅限于打电话、发短信等，2G 的移动通信完全可以满足人们的日常需求，完全用不到 3G。

由于配套终端技术的不成熟，3G 也一直没有适合用户的应用。当时的处理器耗电量极大，电池的寿命极短，一台 3G 手机如果真的上网体验下载音乐等服务，只能待机 4h，而且流量费极贵。

2003 年，日本电信运营商 KDDI 率先实现了 3G 商业运营，2005 年达到了 2 千万的用户，但由于上述原因，虽然赶了个早，但反而遭遇了亏损。

一直到后来有了低功耗的 ARM 处理器，有了用户操作简单且省电的安卓和 iOS 操作系统，有了容量翻番的电池，3G 手机才得到迅速普及，各大互联网公司乘势而上，积极研发了基于 3G 手机的各种移动端应用，让 3G 移动互联网生态成功建立起来。

把目光转回现在，目前的 4G 网络基本可以满足普通用户在日常生活中的大多数通信需求，5G 网络对于大多数人来说不是刚性需求，也没有对应的应用需求，因此国内的电信运营商并没有火力全开地全面建设，而是选择了数据网络消费热点区域逐步铺开。

2019年，时任工信部信息发展司司长的闻库在例行新闻发布会上表示，5G的建网和运营路径将遵循"先从热点地区，需求大的地方启动，再逐步外扩"的路径。中国工程院院士邬贺铨接受《财约你》采访时也表示，5G基站建设将从北京、上海、深圳等地区率先铺开。

这其中一个重要的原因就是北京、上海、深圳等地区作为网络数据消费的热点区域，对于大带宽、低时延等5G特性有更多的需求，消费者愿意为运营商推出的5G套餐买单。

综上所述，基于资费标准和智能终端两方面的限制，虽然现在的消费者还非常期待5G网络带来的日新月异的变化，但如果5G网络并不能给消费者带来身心上更大的满足感，那么对于5G的期待越大，失望也会越大，对于通信运营商和应用提供商提供智能终端和服务形态的积极性也是一种打击。届时，问题将不再是"消费者是否能切身感受5G便利"，而会变成"消费者是否愿意体验5G服务"。

对于这个问题，国内的电信运营商和应用提供商在不断更新智能终端和服务形态，试图让5G网络具备对普通消费者更大的吸引力。

以智能终端的更新为例，目前中国移动、中国电信等公司都在积极发展泛智能终端领域，通过软硬件结合的方式，使非手机形态的终端拥有了智能化的功能。智能化之后，终端具备通信连接的功能，实现互联网服务的加载，形成"云 + 端"的典型架构，在 5G 网络的支持下，可以具备大数据等附加价值。

根据终端是否具备蜂窝网通信能力，可把泛智能终端分为蜂窝类和非蜂窝类两种类型。

根据终端设备适用的用户群场景，可把泛智能终端分为通用消费类、家庭应用类、行业应用类三种类型。

例如，5G 平板电脑、智能手表、VR 头戴显示器、AR 头戴显示器、定位器、电子阅读器都属于泛智能终端的范畴，这些终端的智能化将从一定程度上丰富 5G 的服务形态，让大家更多地感受到 5G 网络带来的便利。

专家预计，与 5G 相配套的技术和产业需要再过三四年才能普遍开展，一旦发展条件得以实现，5G 相关的应用就会迎来"井喷式"发展，从而给提前布局 5G 的相关企业带来巨大的收益。也只有当问题得到彻底解决，普通消费者认可 5G 网络的资费标准和服务优势，5G 网络才算是真正得到消费者的接纳。

10.2
5G时代如何面对隐私信息的风险

从通信网络融入人们的日常生活之后，人们就一直面临着隐私泄露的问题。而随着5G网络逐步发展，网络的开放性及共享性也会进一步增强，隐私安全问题也会比之前的4G时代更加明显。由于5G时代各种智能终端设备收集的个人信息五花八门，暴露在网上的个人隐私将不局限于个人姓名、电话号码、家庭住址等基础信息，甚至会包括我们的行动轨迹、外卖信息、娱乐爱好，甚至聊天邮件等数据。

由于物联网终端的大规模爆发，信息泄露的来源从以往的手机电脑扩展到各种传感器、智能穿戴设备、无人机、智慧家居设备等，这些设备连接网络之后，都会将其中承载的个人信息上传到云端，其中就包括了位置信息、运动轨迹、个人照片等信息，而且物联网终端所处的环境多种多样，与实际应用密切相关，所以在接触更多使用者的同时，也增加了个人隐私信息泄露的风险。

（1）高速率带来的风险

5G技术的使用改变了日常交流、工作和娱乐的方式。但更快的速率也为黑客提供了机会，使他们可以以更快的速度瞄准更多设备并发起攻击，并以比以前更快的速度提取个人隐私数据。

对于低成本和低功耗的物联网设备，其安全性往往不够，很多设备甚至不会主动修改默认密码，这让黑客有机会扫描大规模设备的安全漏洞。

2017 年 10 月 28 日，360 安全中心发布预警称，新型 IoT 僵尸网络来袭。监测显示，已有近 200 万台设备被感染，且每天新增感染量达 2300 多台。

这些设备都是黑客利用路由器、摄像头等设备的漏洞，将僵尸程序恶意传播到互联网，感染并控制大批在线主机，形成具有规模的僵尸网络。

（2）多场景带来的风险

对比 4G 网络，5G 网络中端到端的应用场景更加丰富，大量的物联网终端、网络切片、传感器、API 接口虽然丰富了 5G 的应用场景，但是这些终端和接口的安全措施并不能完全防范专业黑客的攻击，一旦被入侵，将会导致一系列的个人隐私泄露。

例如 5G 网络下的传感器几乎每分每秒都在收集大量的个人数据，由于人跟环境存在着大量互动，人们做的每一件事都会被记录下来，几乎不存在完全意义上的隐私。从技术层面来说，物联网的隐私保护问题主要集中在感知层和处理层。以感知层为例，感知网络一般由传感器网络 RFID 设备、条码和二维码等组成，数据经过感知层时一般要经过信息感知、获取、汇聚、融合等处理流程。

比如目前使用场景最广泛的 RFID 系统，在用户使用时，会同时面临个人信息隐私和位置隐私的泄露风险。

① 个人信息隐私安全。

当 RFID 阅读器与 RFID 标签进行通信时，其通信内容包含了标签用户的个人隐私信息，当受到安全攻击时会造成用户隐私信息的泄露。而在无线传输方式中，黑客很容易从节点之间传输的信号中获取敏感信息，从而伪造信号。如果物品上的 RFID 标签或 RFID 阅读器受到恶意干扰，很容易因为信息泄露造成个人财产损失。

② 位置隐私安全。

RFID 的另外一个常用场景是考勤打卡。RFID 阅读器通过 RFID 标签可以获知标签用户的活动位置，在这个过程中，用户的位置信息被自动跟踪，如果被恶意攻击，则会造成用户位置隐私的泄露。

（3）窄覆盖带来的风险

相对于 4G 网络而言，单个 5G 基站的覆盖范围大概只有 500m 左右，是 4G 网络的 1/4 左右，这是由频率和波长之间的对应关系所决定的。根据"光速 = 频率 × 波长"的固定关系，如果要使网络变快，就需要更高的频率来传输更多的数据，从而导致波长变短，信号传输距离也会缩短。山地、丘陵、池塘、水库、高层建筑、桥梁等复杂地形都会影响信号的传输。5G 网络采用的毫米波技术本身的抗干扰能力也较弱。

这些因素都导致了在实际使用 5G 的过程中，隐私存在更大的泄露风险性。比如我们使用 5G 基站来确定自身的定位信息，那么黑客获取我们位置信息的速度要比 4G 网络下快得多。一些不良的手机 App 经常会调取个人的位置信息，以便向个人用户推送广告。在 5G 网络下，这些不良 App 会更加肆无忌惮地对用户的位置隐私下手。

上述的隐私安全问题，有的可以通过数据安全的方法解决，有的则只能通过提高隐私保护安全意识的方法解决。

对于大部分个人隐私泄露的问题，都是由于个人隐私保护安全意识不够强造成的，这在任何网络通信环境下都是网络信息安全的重灾区。比如点击钓鱼网站或者来路不明的音视频造成个人信息泄露，在即时通讯工具中传输身份证、银行卡等敏感信息，或者在设置密码时使用弱口令，而没有采用指纹、人脸、虹膜等多重验证方式，这些都造成了个人隐私泄露的问题。

5G虽然给我们的日常生活带来了更多的便利，但仍然存在着各种隐私信息泄露的风险，因此，我们需要进一步加强个人隐私泄露的风险意识，定期更新电脑和手机操作系统，及时处理安全扫描发现的病毒，打好系统补丁，降低非法入侵的可能性。

10.3
数字鸿沟面临进一步被拉大的隐患

由于最近几年的《中国互联网络发展状况统计报告》均未显示各省市的网络普及率，这里以2012年和2018年的互联网普及率进行比较，可以发现，2012年，中国互联网普及率前六名的省区市为北京(72.2%)、上海(68.4%)、广东(63.1%)、福建(61.3%)、浙江(59%)、天津(58.5%)，互联网普及率最低的为云南28.5%，互联网普及率最高的北京与最低的云南之间的差距高达 43.7 个百分点。

2018 年，中国互联网普及率前六名的省区市为北京 (75%)、上海 (74%)、广东 (69%)、福建 (67%)、天津 (65%)、浙江 (63%)，同期互联网普及率最低的云南为 43%，互联网普及率最高的北京与最低的云南之间的差距为 32 个百分点。

虽然经过 6 年的发展，不同区域之间的互联网普及率差距已经得到了大大改善，但是互联网普及率最高的依然为北京，最低的依然为云南，两者之间的差距虽然缩小了 11.7 个百分点，但自 2013 年 12 月 4 日工信部正式向三大运营商发布 4G 牌照以来，已经经过了 5 个年头，32 个百分点的差距还是有可以弥补的空间。

那么 5G 的来临是否能消除一线城市与互联网普及率较低省区市的数字鸿沟呢？5G 网络能否刺激这些省区市产生新的业务场景和通信需求呢？

恐怕未必。

正如本章第一节中所提到的，5G 的建网和运营路径将遵循"先从热点地区，需求大的地方启动，再逐步外扩"的路径。目前 5G 网络建设进度比较快的还是一线城市和部分准一线城市，在二三线城市和乡镇地区还需要更多时间去建设。

由于 SA 标准落地较晚，运营商普遍采用 NSA 开启了 5G 的规模建设。2019 年，我国所建的 5G 网络还基本属于 NSA 组网。截至 2021 年 4 月，中国电信与中国联通累计开通 5G 共享基站 40 万个。2021 年 5 月 17 日，中国移动董事长杨杰表示，中国移动目前已累计开通超过 46 万个 5G 基站，为全国地市以上城区、部分县城及重点区域提供 5G SA 独立组网商用服务。

那么对于尚未覆盖 SA 网络的地区，5G 网络尚未达到理论上的 1Gbps 速率，而由于在 NSA 组网下，5G 与 4G 在接入网级互通，随着 5G NSA 终端的不断增加，网速还会变慢。对于这部分地区而言，与 5G SA 网络覆盖地区的接入速率和用户体验相比不可同日而语。

对于通信运营商而言，建设 5G 网络本身就面临极大的成本压力和资金回收压力，因此在进行 5G 网络建设时，所参考的指标势必会包括数据网络使用率和区域人口覆盖率。对于通信需求大、数据网络使用率高的地区，通信运营商更加有动力开展大规模的 5G 设施建设，刺激配套厂商开发新场景和新服务，从而形成良性循环；而对于通信需求小、数据网络使用率低的地区，如果贸然进行大规模的 5G 网络建设，可能会造成 5G 网络的投资回报率过低，具备一定的风险。

通信运营商针对不同地区开展差异化的 5G 建设，

又会造成不同地区的居民使用网络获取信息和应用时在体验上的差距，从而使数字鸿沟有进一步被拉大的隐患。

当然，随着 5G SA 服务的全面铺开和"杀手级"5G 应用的诞生，不同地区的互联网普及率差距还会进一步缩小，数据鸿沟被拉大的隐患也会逐渐消弭，这个阶段大概要 3 ～ 4 年的时间。

第 **11** 章

5G开启时代新篇章

11.1

5G时代，差异化竞争和理性合作并存

在 4G 时代，国内电信运营商的市场竞争相当激烈。在价格、上网速度和信号没有显著区别的情况下，三大运营商想要抢夺用户，在原有的促销活动基础上奇招频出。

2017 年，中国联通推出"不限流量"套餐，打响了低价竞争的第一枪。在中国联通之后，中国电信和中国移动都陆续跟进不限流量套餐，竞争最激烈的时候，省内不限流量套餐的价格跌到了 29 元，三大运营商"内卷"的惨烈程度可想而知。

在这种恶性竞争愈演愈烈的同时，三大运营商的基站早已不堪重负，在不限流量套餐大行其道的 2019 年，中国移动的用户数量是 9.35 亿，中国联通的用户数量是 3.24 亿，中国电信的用户数量是 3.23 亿。如此之大的用户体量让三大运营商的基站满负荷运转，加上流量不限量的竞争方式，运营商也无利可图。

这种竞争方式虽然让中国联通和中国电信从中国移动手中抢了不少客户，但并没有给三大运营商带来明显的好处。总体来说，这属于损害整个通信行业利益的行为，在特殊时期可以从竞争对手处抢夺用户，但长期来看无异于饮鸩止渴。如果想为用户提供长期的优质服务，必须要回归差异化竞争和理性竞争，避免价格战。

那么在 5G 时代，工信部一举发放了 4 张 5G 商用牌照，继中国联通、中国移动和中国电信之后，中国广电成为第四家 5G 通信运营商，这四家通信运营商的侧重点各有不同。

（1）中国移动：延续4G时代优势，加快基站建设速度

做为 4G 时代的领先者，中国移动在用户数量和通信质量方面，都具备一定的优势，在 5G 建设上的资金投入也超过了其他几家运营商。2019 年 6 月 6 日，工信部发放 5G 商用牌照，6 月 10 日中国移动就发布一期 5G 集采公告。

截至 2021 年 2 月底，我国的 5G 套餐用户已经超过 3.5 亿户。其中，中国移动一家独大，超过 1.7 亿户，中国联通为 0.8 亿户，中国电信刚刚超过 1 亿户。而 2020 年同期，中国移动的 5G 套餐用户数量为 302 万户，一年之内增长了 50 多倍。

2021 年，中国移动计划新建 2.6GHz 基站 12 万个左右，加之 2020 年已经建成的 39 万个，2021 年底不含 700MHz 5G 基站将达 51 万个。中国移动在 2021

年底超额完成了计划。

在应用场景方面，中国移动在 2020 年中国移动全球合作伙伴大会上展示了基础能力、城市管理、民生服务、产业经济四大板块中智慧港口、5G 智慧工厂等 15 个细分行业的成果。对于人们所关心的高清视频传输、车联网、柔性制造等，也一直是中国移动发力的重点。

在个人消费者方面，中国移动用户在升级 5G 业务时不需要换号或者换卡，只需要更换 5G 终端手机即可，对于用户来说，可以实现无缝平滑升级。

（2）中国电信：云网融合赋能产业

作为国内第一个发布 5G 手机号的运营商，中国电信虽然在 5G 建设方面采取了与中国联通共建共享的策略，但这并不意味着中国电信会减缓 5G 建设的步伐。

相反，中国电信在 5G 网络的部署工作中，一直争分夺秒地走在前面。2019 年 1 月，中国电信完成了首个基于虚拟机容器技术的 5G SA 核心网功能测试，并在 2019 年 3 月推出超过 1200 台的 5G 终端用于测试。

根据中国电信 2021 年资本支出计划数据显示，中国电信在 2021 年资本支出计划为 870 亿元，其中 45.6% 用于 5G，粗略估算约 397 亿元。2021 年底，实际完成 5G 投资 380 亿元，在用 5G 基站数量达到 69 万个。

5G 终端方面，在中国电信 2021 年工作会议上，中国电信公布了 2021 年 5G 终端的数量大概在 1 亿个左右。

在发展战略方面，中国电信始终坚持云网融合。对中国电信而言，云计算是中国电信未来的发展主业，而不再是以往通过卖连接、卖带宽、卖流量来赚钱。这也是 5G 时代几家运营商的共识，如果还是卖带宽和流量的商业模式，运营商沦为管道提供商的末路不可避免，只有通过强连接、AI、云化等新技术驱动终端升级，通过移动终端、智慧家居终端、物联网终端、云终端的规模发展支持全业务的发展，才能在 5G 时代重现电信运营商的辉煌。

在云网融合的发展战略下，中国电信建立了开放的云终端生态，协同上下游设备提供商，共同推动产业共赢合作。

（3）中国联通：聚焦5G终端"四化"

中国联通在 4G 时代过得并不如意，因此希望在 5G 时代打个漂亮的翻身仗。在 2021 年 3 月初公布的年度财报中，中国联通 2020 年 5G 开支约 340 亿元。通过与中国电信共建共享 5G 网络，2021 年底，总体 5G 基站规模累计达到 69 万个，历史上首次实现覆盖规模与主导运营商基本相当。

在频段方面，中国联通获得了 3500 ～ 3600MHz

共 100MHz 带宽的 5G 试验频率资源，这也是目前全球最主流的 5G 频段。截至 2021 年 2 月，中国联通 5G 套餐用户数达到 0.8 亿户，虽然与中国移动和中国电信有一些差距，但是在 5G 网络建设中，中国联通试图通过建设 5G 共建共享网络，以降低建设成本，从终端突破用户群体。

在网络共建方面，2020 年，中国联通与中国电信通过共建共享，完成 5G 建设多项"首创"——全球首创 NSA 共享技术、首创共享网络下的 NSA 向 SA 演进技术、首创 5G 共建共享的国际技术标准、首创规模最大的 5G 共建共享网络，并首批实现了 SA 商用，致力于打造"覆盖广、网速快、体验优"的全球领先 5G 精品网。

在终端构建方面，中国联通持续推进 5G 终端"四化"，即手机 5G 化、制式通用化、价格民众化、终端泛在化。截至 2020 年年底，中国联通依托 5 大芯片平台推出了 14 个品牌 141 款 5G 手机、13 个品牌 32 款模组以及 22 款 5G 数据类终端。在终端应用方面，中国联通持续在 VR/AR 游戏类、高清 4K/8K 视频类、XR 类、云化类"四大"应用领域深耕，创造了"终端＋终端＋应用"组合的新玩法。

（4）中国广电：后起之秀前路何在

作为通信领域的新进入者，中国广电进入通信领域的时候并不被大家看好，在无人、无钱、无经验的情况下要拉起一张 5G 网，对于任何一家通信运营商都不是件容易的事。所以在中国移动等三大电信运营商投入 5G 建设大战时，中国广电只能进行小范围的试验网建设，除此以外，更多的是希望与各家战略伙伴合作进行 5G 布局。

不同于中国移动等三大运营商，中国广电在有线电视、卫星电视、地面数字电视等领域有着雄厚的用户基础，因此中国广电的 5G 网络将是汇集广播电视通信和物联网服务的 5G 网络，可以让用户真正体验到超高清电视和物联网所带来的广电服务，而不仅仅是普通的数据流量服务。

虽然面临着资金成本的压力，但作为 5G 网络中不可忽视的一股力量，中国广电与其他几家运营商也展开了良好的合作。

2021 年 1 月 26 日，中国移动发布公告，公司独资公司中移通信代表其 31 家省公司与中国广电订立了四份有关 5G 共建共享的具体合作协议，双方共同建设 700MHz 无线网络，中移通信向中国广电有偿共享 2.6GHz 网络。

四份具体合作协议的合作日期均从订立之日起到 2031 年 12 月 31 日，共分为两个阶段合作期，第一阶段合作期是自协议订立之日起到 2021 年 12 月 31 日，第二阶段合作期是从 2022 年 1 月 1 日至 2031 年 12 月 31 日。第一阶段合作期，中国广电有偿共享中移通信 2G/4G/5G 网络为中国广电客户提供服务。第二阶段合作期，中国广电有偿共享中移通信 2.6GHz 网络为中国广电客户提供服务。700MHz 无线网络规模商用后，中国广电新增客户原则上不再共享使用中移通信 2G/4G 网络。

这也意味着中国电信产业"2+2"格局初步确定，中国电信与中国联通联手，中国移动和中国广电组成新组合。4 家运营商各有各的基础优势和发展策略，针对不同用户的需求和使用场景进行差异化竞争。

11.2
5G时代开启中国下一个十年

回顾国内通信网络从 2G 到 5G 的发展历程，展现在我们眼前的是一幅波澜壮阔的画卷。

十几年前，我们只能拿着功能机手机，通过移动梦网浏览简单的 WAP 站，以文字的形式了解手机屏幕之外的世界。

十年前，我们有了基于塞班等智能系统的智能手机，体验在彩色屏幕上的游戏快乐和 3G 网络带来的流畅感。

现在，4G 网络已经成为大家的标配，微信等手机 App 占据了我们日常的大部分时间，短视频和在线游戏等新型产品形式已经成为新一代人的新宠。

从 2G 时代的 Kbps，到 3G 时代的 Mbps，到 4G 时代的 100Mbps，再到逐步展开的 5G 时代的 Gbps，通信技术的不断发展给我们带来了日新月异的生活。毫无疑问，5G 技术将成为下一个十年的持续性话题。

4G 时代的初期，曾经有人质疑 4G 的速率和费用：按照中国移动推出的 4G 套餐——40 元包 300MB 流量，按照每秒百兆的速率，这个套餐 3s 就用完了，3s 40 元，一个小时就是 48000 元。如果晚上忘了关闭 4G 连接，一觉醒来，你的房子都快成移动公司的了。应了中国移动那句广告语："移动改变生活！"以至于中国移动对此专门做出了回应：这种事绝不会发生，一晚上花了一套房子的用户，中国移动送你一套房子。

这个段子在 5G 时代依然适用，按照 5G 技术的标准，智能终端的下载速率至少在 12.5Gbps，如果按照一部 1080P 高清视频容量大小为 2GB 计算，在 5G 覆盖理想的情况下，一部高清电影几乎可以瞬间完成下载。

这并不是什么天方夜谭的事情，因为早在 20 世纪 90 年代后期，高通就已对毫米波等 5G 所依赖的基础科技进行探索。但由于毫米波不仅要克服高频信号本身被遮蔽易减弱的问题，同时也要给终端厂商以及运营商提供一套切实的可用方案，所以过了近 30 年，毫米波、MIMO 等 5G 技术才真正出现在人们面前。即便如此，在 5G 的实际使用过程中，依然面临着不少的挑战和问题。

（1）5G覆盖率有待提高

据 Strategy Analytics 数据显示，截至 2020 年年初，2G 和 3G 用户占全球移动用户总数的 46%，贡献的收入占全球移动总收入的 27%，预计到 2023 年，这一收入占比将下降到 10%。在非洲和其他发展中地区，3G 网络依然是人们常用的通信方式之一。甚至在 2018 年南非国际通信技术展上，中国移动还与紫光展锐、MTN、KaiOS 联合发布了一款 3G 智能手机。

基于 5G 网络本身的建设成本和在部分国家和地区的推广难度，3G 和 4G 网络在未来一段时间内依然会有大量的存量用户，而 5G 不会是这些国家和地区的首选。

（2）4G网络拥堵的风险

虽然 5G 网络正在逐步展开，但由于 5G 基站的覆盖范围及 5G 通信套餐费用的原因，很多用户依然在使用 4G 网络。由于抖音等基于短视频类应用的出现，导致了单用户的数据流量激增，也导致高校、城区中心、商业区等区域由于基站负荷过重出现 4G 网络速率变慢的情况。

未来一段时间，虽然运营商会逐渐将 4G 用户过渡到 5G 用户，但在未全面覆盖 5G 网络之前，4G 网络依然存在速率变慢的情况。

（3）资费设计能否符合用户需求

目前已经推出的 5G 套餐，最低 128 元的套餐费用对于一些希望体验 5G 的用户依然是不小的负担，而过低的套餐费用又会导致电信运营商无法收回成本。预计在 5 ～ 10 年之间，随着 5G 网络接受度和应用场景的增加，会出现更多适合消费者的 5G 套餐。

（4）"杀手级" 5G 应用尚未出现

目前，5G 网络最频繁的使用场景依然体现在高清视频和在线游戏等方面，但这些应用算不上 5G 网络的 "杀手级" 应用，而 AR/VR 等场景还远远不具备普遍落地的能力，因此，在终端设备和 5G 应用没有出现变革的情况下，5G 网络的普适性还有待商榷。

但利好的一点是，从 2019 年开始，5G 网络已经在全球范围内进行了若干轮的加速推广，随着应用的不断涌现，5G 时代的壮丽将远超我们的想象，至少在 2021 年，这仅仅是一个起点，而远非终点。早在 2018 年 3 月 9 日，工信部时任部长表示中国已经着手研究 6G。从目前的资料来看，6G 网络将是一个地面无线与卫星通信集成的全连接网络，在全球卫星定位系统、电信卫星系统、地球图像卫星系统和 6G 地面网络的联动支持下，6G 网络信号可以抵达任何一个偏远的乡村，让深处山区的病人能接受远程医疗，让孩子们能接受远程教育，甚至可以帮助人类预测天气、快速应对自然灾害等。

在网络速度方面，6G 的数据传输速率可能达到 5G 的 50 倍，时延缩短到 5G 的十分之一，在峰值速率、时延、流量密度、连接密度、移动性、频谱效率、定位能力等方面都远优于 5G。

对于尚未完全享受到 5G 网络的我们而言，谈论 6G 可能有点超前，但通信技术的浪潮就是这样，在任何一次技术变革之前，普通人的想象力都会略显匮乏。

未来已至，在接下来的十年里，在 5G 技术的加持下，不管是工业农业、医疗教育，还是智慧城市、车联网，都将迎来巨大的变革，让我们拭目以待。